AF590977

FOOT-BALL association et RUGBY

par SALMSON-CREAK

L'Entraînement Américain. - TOME VI

Coups de Pied
Dribbling
Feintes
L'Entrainement spécial
Composition de l'équipe

G. Hirlemann

P. BRENET, éditeur, 66, boul. Magenta, PARIS

Foot-Ball Association et Rugby

OUVRAGES DE LA MÊME COLLECTION

Tome I. — **L'Entraînement américain.** *Franco* 5 fr. 75

— II. — **Le Développement musculaire.** . . . . . *Franco* 5 fr. 75

— III. — **La Course, le Saut, le Lancer** . . . . . *Franco* 5 fr. 75

— IV. — **Natation et Aviron** *Franco* 5 fr. 75

— V. — **La Bicyclette et le Cyclisme** . . . . . *Franco* 5 fr. 75

— VII. — **La Boxe pour Tous.** *Franco* 5 fr. 75

— VIII. — **Pour se défendre sans armes** . . . . . *Franco* 5 fr. 75

GUIDES DU PARFAIT SPORTIF

L'ENTRAINEMENT AMÉRICAIN

Foot-Ball Association et Rugby

Le Foot-Ball
Son Règlement - Son Entraînement spécial
Ce qui fait un bon Shooter
Le Rugby
Son Entraînement spécial
L'Entraînement des divers Equipiers
Conseils et Soins

PAR

SALMSON-CREAK

TOME VI

P. BRENET, Editeur
66, BOULEVARD MAGENTA, 66
PARIS (X^e)

Le Foot-Ball

I

Ne nous exagérons pas les qualités sportives ou les avantages athlétiques du foot-ball, voire du rugby. L'un et l'autre ne sont qu'un jeu, une distraction et doivent se cantonner dans ce domaine.

Evidemment nous ne parlons ici pour les professionnels, mais nous ne croyons pas qu'en France existe une véritable classe de professionnels en ces sports.

Donc on ne se livre aux plaisirs du ballon qu'aux heures de loisirs, c'est-à-dire environ deux ou trois fois par semaine. Et c'est bien suffisant

Il s'ensuit qu'il n'existe pas d'entraînement proprement dit au foot-ball. Pour connaître les finesses du jeu, les petites ruses... toujours les mêmes d'ailleurs, il faut jouer et beaucoup jouer.

L'entraînement véritable a eu lieu auparavant; c'est celui de l'athlète complet.

Il est nécessaire en effet d'admettre que, dans un jeu de force semblable, l'avantage reste toujours à la force et à la souplesse.

Or on ne dominera réellement dans un team quelconque, que si on a atteint le degré suffisant d'athlétisme.

En résumé, avant de vouloir non seulement prendre part aux grands matchs, mais même jouer dans les sociétés, il faut au préalable s'être soumis à l'entraînement rationnel indiqué aux tomes I et II. Encore une fois, comme pour les véritables sports, ce qui fait un bon rugbyman ou un bon foot-balleur, c'est :

un cœur solide,

servi par des poumons élastiques et amples.

Hors cela, point de salut; l'essoufflé gêne les camarades; le cardiaque se tue lentement.

Quant à celui qui manque de muscles, il ne demeure jamais qu'une mazette et il serait préférable pour lui, plutôt que de se montrer en public, de s'asseoir aux tribunes pour se contenter d'applaudir.

Nous répétons donc : si vous voulez avoir votre place dans une bonne équipe, soyez d'abord un athlète complet.

Pour atteindre ce résultat, soumettez-vous à l'entraînement des tomes I et II, pendant la durée voulue.

Ensuite, préparez-vous, *seul*, au maniement du ballon.

Lorsque vous êtes parfaitement habitué aux fantaisies de votre outil, prenez place dans une partie, en vous contentant d'un emploi modeste.

Entre temps, voyez jouer, assistez à tous les matchs qui vous seront permis, détaillez le jeu de chacun, notez les mille détails de souplesse, de sang-froid, de rapidité qui font les as de la pelouse.

Cependant, si vous appartenez à une société sérieuse, que vous alliez jouer chaque dimanche et chaque samedi, soumettez-vous à un régime sportif approprié.

Celui-ci consistera, si vous avez le temps et la place, en quelques minutes de marche rythmée le matin, avant le tub.

Si le temps vous manque, choisissez aux tomes I et II, les mouvements de gymnastique appropriés au lancement et à la course.

Ne négligez jamais, autant que possible, le tub tiède, ainsi qu'il est prescrit au tome I, vous y gagnerez un délassement musculaire considérable.

Ne recherchez pas, à plaisir, la fatigue physique durant la semaine; livrez-vous plutôt à quelques exercices gradués, soit de marche, soit de mouvements.

La veille du jeu, recherchez le repos autant qu'il le sera permis par vos occupations. Celui-ci existera *ipso facto*, si votre travail est cérébral.

Si vous êtes un manuel, prenez un bain complet de propreté, le vendredi soir avant de dîner et ne sortez plus après le repas, couchez-vous tôt.

Pour le travailleur manuel, le bain un peu chaud, vaut une demi-journée de repos, au point de vue musculaire. Avoir soin cependant de bien se sécher et d'éviter le refroidissement, même bénin, qui vous mettrait dans un état fiévreux pour le lendemain.

Le samedi matin néanmoins, vous prendrez votre tub comme de coutume et ferez les quelques mouvements choisis. Ces mouvements ont lieu toujours devant une glace et entièrement nu, afin de permettre le libre travail des muscles et des articulations.

La partie doit avoir lieu, autant que possible, deux heures après le repas, lorsque la digestion est sinon terminée, tout au moins très avancée.

Le costume se compose du sweater par dessus un tricot de fine laine.

Nous n'approuvons pas l'usage de la culotte très courte s'arrêtant au-dessus du genou. Nous lui préférons la culotte ample, couvrant le genou, car il est nécessaire de tenir compte des chutes. La ceinture de la culotte ne doit pas serrer la taille, ce qui comprime considérablement les organes et les déplace durant le jeu.

Pour éviter cet inconvénient, on peut porter sur la peau une ceinture de flanelle, large, soigneusement accrochée. La culotte venant ensuite s'appliquer sur elle, n'atteint pas les organes et la compression demeure régulière. Le port de la flanelle sur l'abdomen est à recommander en outre pour beaucoup d'autres raisons.

Pour la chaussure, il faut absolument adopter le soulier spécial, d'ordinaire en cuir chromé avec bandes-cuir autour du talon et sur la pointe du pied. Avec la chaussure de ville, le jeu est extrêmement pénible et les glissades continuelles, ce qui est un surcroît de fatigues.

En tout cas, éviter soigneusement toute aspérité métallique qui risquerait de blesser les joueurs, ce qui suffirait dans un match sérieux à vous faire interdire le terrain.

Enfin cette chaussure spéciale gaine le pied sans gêner ses mouvements. Quant à la chaussette, elle est à exclure, n'étant qu'une gêne sans avantage appréciable.

En foot-ball association le bonnet n'est pas nécessaire, les mêlées ne sont pas aussi dangereuses qu'au rugby, les chutes moins brutales. Le mieux est donc encore de laisser ses cheveux au vent.

Il faut toujours, quelle que soit la température, emporter avec soit un pardessus dont on se revêtira dès la partie finie. Les refroidissements sont non seulement dangereux pour les poumons et les bronches, mais également pour le système musculaire et les articulations.

A la mi-temps, ne pas prendre de boisson froide, même si l'on a très soif. Sucer un bonbon acidulé devrait être suffisant.

Une bonne précaution avant la partie est de se masser légèrement les articulations des poignets et des genoux avec un peu de vaseline.

La partie achevée, même dans un match sérieux, les massages sont inutiles, qu'ils soient au gant de crin ou autrement.

Le plus simple est de se vêtir aussitôt d'un pardessus et de marcher durant un moment. Il faut en effet éviter l'immobilité complète.

Rappelons-nous que pour le sportif, après un effort violent, il n'existe pas d'autre repos qu'une marche de quelques instants. Si vous êtes incapable de soutenir cette marche, c'est que vous êtes claqué. Dans ce cas, allongez-vous entièrement sur le dos, en restant bien vêtu et respirez régulièrement, la bouche ouverte. Ainsi la circulation se rétablit normalement, le jeu des poumons et du cœur reprend son rythme habituel, les muscles se détendent lentement.

De même aux cinq minutes de repos de la mi-temps ne demeurez pas planté sur place, comme une borne, vous vous engourdissez, les muscles se raidissent et il vous faut, lorsque la partie reprend, de longues minutes avant d'avoir reconquis votre souplesse.

Ces conseils pratiques s'entendent aussi bien pour le foot-ball que pour le rugby.

Le régime alimentaire du foot-baller est celui de tout sportif. Nous renvoyons donc le lecteur au tome I. Si vous faites partie d'une société importante et que vous jouez par conséquent régulièrement, ce régime est de toute

Fig. 1. — Le gardien de but envoie en corne une balle haute.

nécessité. La formule réelle est : *peu absorber, beaucoup assimiler*. Le sucre tient donc la première place parmi tous les aliments du sportif, il en mangera sous toutes les formes possibles.

Nous avons passé en revue : la préparation générale, l'entraînement musculaire, le costume, le régime alimentaire; il ne nous reste plus qu'à dire quelques mots des massages.

A ce point de vue, comme pour les mouvements de gymnastique, rappelons-nous que les épaules jouent, avec les jambes, le premier rôle. Pas d'épaules robustes, de torse vigoureux, pas de jeu tenu, concentré, suivi. On devient le jouet des adversaires qui vous bousculeront aisément.

Mais cette vigueur des épaules se complète de la vigueur des jambes. Il faut, de toute nécessité, se tenir sur ses quilles et en outre elles doivent se déplacer avec une extrême rapidité.

Donc, pour les massages, choisissez aux tomes I, II, et III ceux qui ont trait : à la clavicule, au dentelé, au grand pectoral, au deltoïde.

Un soir vous massez la partie supérieure du torse; le lendemain vous attaquez le psoas et les muscles de la taille; le troisième soir : les cuisses, les jambes et les tarses. Ne pas négliger ce massage des pieds qui est d'une extrême importance.

Nous ne pouvons revenir dans chaque tome sur les détails de ces divers massages, il est nécessaire que le lecteur s'y reporte lui-même.

Sacrifiez avec ténacité chaque soir un petit quart d'heure à cette séance de massage, vous en remarquerez bien vite les heureux résultats.

Nous disons : un quart d'heure et, en effet, il, n'en faut davantage; il n'y a donc aucune bonne raison pour s'en dispenser.

Ensuite essuyez-vous et couchez-vous, en vous allongeant aussitôt.

Dans les trois premiers tomes de cette série on trouvera également les diverses prescriptions nécessaire pour que la séance matinale de gymnastique soit fructueuse. Il y a un certain nombre de précautions à prendre, qu'il est prudent de ne point négliger.

Si vous jouez le samedi et le dimanche, par exemple, contentez-vous du bain chaud, le vendredi soir. N'abusez pas de cette hydrothérapie qui deviendrait à la longue débilitante.

Un bain semblable, suivi le samedi matin et le dimanche matin du tube tiède, sera amplement suffisant.

La durée du sommeil pour un sportif à également une réelle importance. Il lui faut huit heures pleines, en conséquence, couchez-vous tôt. La veillée, pour quiconque veut en même temps s'adonner aux ports, est pernicieuse. Quant à l'alcool, il est à proscrire, purement et simplement.

La quantité d'eau à absorber chaque jour est la même que celle indiquée pour les autres sports, nous n'y reviendrons pas.

Voici donc brièvement, les quelques conseils généraux que nous pouvons donner au futur amateur du ballon sphérique. Pour le rugby, les mouvements, les massages sont identiques, on montrera cependant un peu plus d'énergie et de ténacité dans la séance matinale de gymnastique. Ici, il est nécessaire d'accroître considérablement sa vigueur et de se maintenir en bonne forme. Le rugby est une véritable lutte, compliquée de course, de saut et de lancer. C'est dire que tout l'appareil musculaire doit être en parfait équilibre, que les poumons jouent librement et que la circulation se fasse normalement.

Dans ce but, on se livrera aussi souvent que cela sera possible, à une bonne marche rythmée avec le bâton, comme indiqué au tome I.

Les jours où l'on sera libre et qu'on ne jouera pas, on fera une marche athlétique soutenue sur un parcours fixe, sans aller cependant jusqu'à la fatigue. (Voir, dans le tome III, le détail de la marche athlétique.)

Le massage toutefois demeurera le même que précédemment, ainsi que le régime alimentaire.

Proscrire les tubs froids, les massages au gant de crin, l'alcool absolument.

Après le jeu, les précautions données pour le foot-ball sont à suivre également. Pas de boissons froides, mais du thé chaud.

Dès le retour chez soi, soigner les écorchures

par une application de teinture d'iode, les foulures, les contusions avec un bon liniment. Ne jamais remettre ces soins à plus tard, un muscle luxé est un muscle paralysé pour quelques jours.

Passons maintenant à l'entraînement au football proprement dit.

II

Évidemment, comme avant de tenter le rugby, nous nous exercerons au foot-ball, nous débuterons dans notre entraînement avec le ballon rond.

Apprenez tout d'abord à connaître ce ballon dont les fantaisies sont toujours nouvelles.

Or le premier pas assurément est l'étude d coup de pied.

Répétons que pour ces essais, la solitude est préférable. Choisissez un vaste terrain, une pelouse de préférence, à cause des difficultés qu'elle entraînera.

Essayez, pour commencer, le coup de pied

d'envoi ; c'est le geste classique dirons-nous.

Placez le ballon à terre, reculez-vous à la distance appropriée à votre longueur de jambe et tapez.

Mais il ne suffit point de taper, encore faut-il taper juste.

Or, le coup de pointe est mauvais, on n'obtient pas un lancer suffisant et l'on se fait mal par surcroît.

Il doit au contraire se produire une sorte d'enroulement du ballon. L'extrémité du pied passe dessous et c'est le tarse qui produit le choc en soulevant l'engin.

Pour cela, il est nécessaire de trouver la bonne position du pied. Celui-ci sera tendu, les orteils dans le prolongement de la jambe, mais il n'arrive à cette rectitude que progressivement.

Pour plus de clarté, décomposons le mouvement dans son entier.

1er temps : le ballon est à terre, le joueur se trouve en arrière, à bonne distance. Ses bras se relèvent de chaque côté comme pour un saut sur place, le poids du corps s'incline sur la jambe gauche, la jambe droite quitte le sol.

2e temps : La jambe droite s'en va en arrière prendre l'élan, le pied pend librement.

3e temps : vigoureusement, la jambe droite est lancée en avant, le pied s'étend, les orteils glissent au ras du sol, sous le ballon. La jambe

Fig. 2. — Le coup de pied classique.

poursuivant naturellement sa course, le ballon s'envole, soulevé.

Comme on le voit, il n'y a là aucune brutalité, mais un geste parfaitement cadencé ; il n'y a pas choc contre le flanc du ballon, mais un soulèvement graduel qui lui imprime une vitesse immédiate.

Ce n'est pas la force du coup qui procure un lancer très long, mais seulement l'enroulement du pied qui amène le ballon sur le tarse.

Recommencez cet exercice jusqu'à ce que vous parveniez à projeter l'engin sans secousse et très loin. Il doit s'enlever peu à peu, sans que la hauteur de trajectoire soit très haute. S'il décrit une courbe, le jet est mauvais, il manque de longueur. Le ballon doit filer en droite ligne et en montant.

Lorsque vous êtes sûr de vous, accroissez la difficulté et essayez le lancer en courant.

Pour cela, prenez le ballon en main, prenez votre élan, parcourez une dizaine de mètres, jetez votre ballon et pousuivez-le. Vous devez donner le coup de pied sans interrompre votre course. Et ce coup de pied, si vous avez acquis une certaine habileté, aura le même style que le précédent.

Vous devez vous apprendre à attaquer le ballon de la même façon que lorsque celui-ci est posé. C'est-à-dire que le déroulement du pied, malgré l'élan, se produit d'une manière identique.

N'arrêtez pas le ballon lancé, poursuivez-le encore, en faisant dévier votre course afin de toujours bien le prendre de face.

Savoir ainsi attraper son ballon au vol est comme on le comprend, d'une extrême importance, c'est tout l'art du foot-ball.

Durant ce début, ne recherchez pas les fantaisies, contentez-vous du mouvement du pied indiqué plus haut. Le jet, lorsque le coup sera bien donné, se manifestera toujours long, la route suivie par le ballon bien droite et s'élevant avec régularité.

Lorsque le ballon traîne c'est que vous avez manqué votre coup de pied. Dans ces conditions, vous tâchez de faire mieux à la prochaine occasion.

Mais, répétons-le, n'essayez pas dans ces

débuts, les coups de cote donnés avec le flanc du pied, ingéniez-vous bien au contraire à atteindre l'énergie de face, en conséquence dirigez votre course.

Quand vous avez obtenu une certaine habileté, c'est-à-dire que vous ne ratez plus votre coup de pied, entraînez-vous au dribbling.

Pour cela, placez-vous à l'extrémité de votre terrain, choisissez un parcours hérissé de difficultés, comme trous, monticules..., etc.

Lancez votre ballon d'un coup franc puis partez. Dès que vous l'avez atteint, vous le menez rapidement, mais sans choc, en suivant avec exactitude le parcours que vous vous êtes fixé.

Pourcette conduite, vous vous servez uniquement du pied droit, ayant assez à faire. Il vous faut contourner les obstacles, vous livrer à mille détours pour parvenir au but.

Le coup de pied, ici, diffère essentiellement du précédent. Il n'est jamais donné de face mais toujours avec le flanc ou la pointe.

Le coup de pointe est assez difficile parce que déclenché avec trop de vigueur, il vous éloigne le ballon.

Or ce ne n'est point là ce que nous devons chercher, l'engin demeurera au contraire toujours dans vos jambes. L'attaque se fait donc légèrement, amenant un roulement continu.

Il est inutile de préciser qu'une extrême souplesse est nécessaire. Souplesse de la taille qui doit permettre le déplacement constant du centre de gravité; souplesse des jambes qui resteront presque toujours en flexion légère.

Dans ce premier entraînement, c'est la jambe gauche qui supportera tout le poids du corps. C'est pourquoi il sera bon d'apprendre à la soulager en shootant tour à tour de chaque pied.

Ceci n'est qu'une habitude à acquérir, on parvient aisément à cogner du flanc du pied gauche pour ramener le ballon dans la ligne et l'offrir au choc du pied droit.

Mais jamais un bon dribbler ne l'éloignera à plus 40 centimètres, sinon c'est l'offrir aimablement à l'adversaire.

Si l'on nous a suivi attentivement jusqu'à présent on comprendra combien il est nécessaire de se livrer seul à ce premier entraînement. Si par contre, on entre immédiatement sur le terrain de jeu, sans posséder déjà les principaux coups de pieds, on prend aussitôt de mauvaises habitudes dont il sera impossible de se défaire.

Lorsque vous connaissez parfaitement le coup d'envoi et le dribbling des deux pieds, essayez quelques fantaisies qui auront l'avantage de vous accoutumer au ballon et de vous procurer une plus grande souplesse.

La plus commune est assurément de saisir le ballon au rebond, quand il se trouve à une certaine hauteur du sol. Là, il est nécessaire de sauter des deux pieds et de cogner fermement avec le tarse.

Si vous avez suivi notre entraînement au saut du tome III, cette acrobatie vous est familière et il nous est inutile de décomposer le mouvement ici.

Précisons cependant, que l'élan se donne par une flexion de la jambe gauche, la droite rapidement ramenée en arrière.

C'est l'inclinaison du pied, au moment où il frappe, qui fournit la direction à imprimer à l'engin.

Pour vous familiariser avec ce saut, commencer par shooter, le pied allongé dans le prolongement de la jambe. Le ballon ainsi est projeté en avant, avec une trajectoire plus ou moins haute suivant la violence du choc.

Pour obtenir une *chandelle*, c'est-à-dire une projection verticale au-dessus de votre tête, le coup est donné, le pied demeuré dans sa position ordinaire, par conséquent formant angle droit avec la jambe.

Si vous voulez envoyer le ballon derrière vous, la difficulté s'accroît légèrement et ce coup n'est permis avec style qu'au véritable athlète.

En principe, le pied formant un angle aigu avec la jambe, le ballon devrait s'en aller derrière vous, plus exactement il vous arriverait dans le nez.

Mais en général, il ne se produit pas de saut ici, il faut attendre l'engin, bien assis sur la jambe gauche, la taille souple. En même temps que vous donnez le coup de pied, le buste s'incline en arrière, tandis que les bras se projettent vigoureusement en avant.

Les as du foot-ball réussissent ce coup avec une maestria gracieuse et il est toujours beau pour le spectateur qui ne peut qu'admirer.

Un excellent procédé pour s'habituer au maniement du ballon et à ses fantaisies souvent imprévues, est de se placer devant un mur, mais à bonne distance.

Vous shootez contre le mur, une première fois, vous poursuivez le ballon quand il revient et vous recommencez.

Ingéniez-vous en ce faisant à éviter les temps morts, c'est-à-dire les arrêts. Shootez continuellement, de face et de revers, courant après votre engin qui n'a jamais la bienveillance de revenir exactement sur vous.

Si avec ce moyen vous voulez progresser, n'essayez jamais de cogner au vol, laissez retomber le ballon à terre et frappez après son premier bond.

Vous obtenez de cette façon d'importantes qualités de sang-froid et de patience, vous vous habituez à *voir venir* un ballon sans vous affoler.

Le coup au vol est rarement fructueux d'ailleurs dans une partie et l'on ne doit le tenter qu'en cas d'extrême nécessité. Il est du reste inutile dans une équipe ordonnée et disciplinée.

Fig. 3. — Un arrière à gauche tente de prendre la balle à l'avant opposé.

Apprenez également, lorsque vous lancez contre un mur à effacer le corps quand le ballon revient, de façon à vous permettre de toujours mesurer votre distance.

Si après un certain temps vous considérez que votre habileté est suffisante, essayez des coups très longs, ce qui accroîtra la vigueur de vos jambes.

Pour cela, vous vous placez loin du mur et cognez avec violence; courez ensuite pour reprendre votre ballon de face, d'un coup franc.

Il est nécessaire de s'accoutumer à l'arrêt, soit du pied gauche, soit du pied droit. Il faut ensuite tourner en souplesse pour shooter sans qu'il y ait de temps mort.

Ce n'est qu'au moyen de ces divers exercices, exécutés dans la solitude, que l'on parvient à prendre une place honorable sur un terrain de jeu.

Jouer immédiatement en équipe, sans un long entraînement préalable, c'est négliger d'assouplir son sang-froid. L'inquiétude durant la partie engendre l'affolement, l'affolement cause une déperdition de vigueur considérable.

Avant de se hasarder sur le terrain, il faut avoir l'habitude des sursauts du ballon. Il y a là toute une étude à faire qui nécessite l'application des facultés de déduction. Celui qui a raisonné sait où tombera l'engin, mécaniquement sans même s'en rendre compte, il mesurera les distances. Cela ne s'apprend jamais en équipe, dans le tumulte de la partie.

Maisil serait également préjudiciable de s'attarder à l'entraînement solitaire. Dès que vous possédez bien le mécanisme des coups de pied divers, dès que vous savez saisir la *balle au bond*, essayez-vous avec un camarade, autant que possible ayant déjà pratiqué sur le terrain.

Cependant n'écoutez pas ses conseils, plus ou moins sages, basés sur une expérience personnelle. Jouez votre jeu propre, sans vous inquiéter de ce que l'on pourra dire. Mettez vous dans l'idée que votre jeu s'est modelé, sans que vous y prissiez garde, sur votre organisme personnel, votre premier entraînement a développé vos qualités, ne gâchez pas tout cela en suivant des conseils subséquents probablement erronés.

Pour vous habituer au camarade, commencez par les coups d'envoi simples. Vous plaçant face à face, à bonne distance, shootez la balle; le compagnon l'arrête et la projette de nouveau.

Il y aura une différence sensible dans les rebondissements avec ce que vous avez accoutumé de voir contre un mur.

Lorsque vous savez vous-même parfaitement arrêter au moyen des pieds, *et non avec les mains*, tentez du dribbling.

L'adversaire sera là pour vous empêcher, vous barrant le chemin. Vous aurez déjà un aperçu du jeu et vous gagnerez une souplesse et des finesses auxquelles vous ne vous attendez vous-même.

Mais acharnez-vous au dribbling, votre compagnon évidemment tâchera de shooter, quand il réussit courez après le ballon et recommencez à dribbler.

Vous aurez ainsi après quelques séances, une idée complète d'une partie. Vous aurez acquis par l'habitude un sang-froid qui vous étonnera vous-même.

Alors seulement, avec votre compagnon,

organisez un jeu sérieux, avec les dimensions minima que nous indiquons et des buts exacts.

Jouez franchement, usez de tout ce que vous avez appris, tentez les passes qui vous sembleront les plus habiles.

De cette façon vous évitez le tumulte, les bousculades, qui sont mauvaises au débutant qui ne connaît rien du terrain.

En outre par ce procédé, vous prenez l'habitude des distances usitées d'ordinaire.

Ici vous shootez et vous dribblez de toutes les façons opportunes, vous imposant vous-même, toutes les pénalties que vous aurez méritées.

Il faut répéter ces parties à deux, aussi souvent que possible, mais non pas en n'importe quel endroit, toujours sur un terrain approprié se rapprochant le plus possible du terrain habituel.

Si vous en avez l'occasion, après cela, prenez part à de petites parties, où le nombre des joueurs sera réduit. Acceptez alors sans récriminer l'emploi que l'on vous fixera et encore n'écoutez pas les conseils qui ne s'adaptent pas généralement à votre organisme personnel.

A ce moment vous comprendrez assez le jeu pour suivre les grands matchs avec fruit, vous pourrez exactement juger de la valeur des coups, noter les fautes que vous devrez éviter, les qualités ou les ruses qu'il vous sera impossible d'employer.

Assistez le plus souvent que vous pourrez à ces concours, vous familiarisant de cette manière avec tous les détails qui vous manquent encore.

Et enfin, vous mettant d'une association, vous serez apte à vous présenter honorablement sur le terrain.

Mais n'oubliez pas votre entraînement musculaire et vos massages. Rappelez-vous qu'il vous faut de fortes épaules, des jambes souples, une taille flexible. Evitez toujours l'essoufflement qui handicape très vite et habituez-vous à respirer régulièrement.

Disons ici, que ce premier entraînement est nécessaire, même pour le futur joueur de rugby. On ne devient pas, quoiqu'on dise, un bon rugbyman si l'on n'a pratiqué le ballon rond.

Tout se que vous aurez acquis par cet entraînement de début, vous servira dans les parties de rugby, même le dribbling.

En résumé, si vous avez l'intention de faire du rugby, commencez comme nous venons de l'indiquer, jouez quelque temps au foot-ball avant de vous livrer à l'entraînement spécial.

Mais tout ce que nous disons ici deviendra purement inutile et souvent nuisible, si vous n'êtes en parfait équilibre organique et musculaire. En d'autres termes, si vous n'avez suivi l'entraînement général des tomes I et III, vous serez rapidement claqué et ne vous classerez que parmi les joueurs de deuxième ou troisième ordre.

Il faut être un bon athlète avant d'être un bon foot-baller.

En outre même l'usage bénin du ballon rond n'est pas permis à tous; il existe, en cela comme en tous les autres genres de sport, un certain nombre de contre-indications qui éloignent un individu des terrains de jeu.

Pour le foot-ball, comme pour le rugby, ces contre-indications sont les suivantes :

Hernie et pointe de hernie ; lésions cardiaques; lésions pulmonaires ; lésions pleuro-pulmonaires ; lésions articulaires; lésions musculaires.

Par ce qui précède on voit combien il est prudent de ne point s'adonner au jeu à l'aveuglette et le meilleur moyen d'éviter tout accident est d'essayer le *test* que nous avons décrit au tome II.

En réalité, tout joueur qui se résolverait à poursuivre cette catégorie sportive devrait non seulement se plier à l'entraînement des tomes I et II, mais encore, tandis qu'il joue déjà réserver quelques jours aux divers entraînements du tome III.

Si l'on veut bien réfléchir on verra que le foot-baller devra être bon coureur, bon sauteur et dans le rugby, bon lanceur. Il aura besoin de l'endurance soutenue d'un coureur de fond de premier ordre.

Durant une partie, le corps entier travaille ; chaque muscle, chaque organe, fournit un effort considérable. Il est donc nécessaire que ces organes et muscles soient préparés depuis longtemps à cet effort.

Les qualités de sang-froid et de coup d'œil s'acquièrent durant l'entraînement solitaire. Elles ont une importance primordiale qu'il est impossible de négliger.

Fig. 4. — Le shoot du pied gauche d'un avant.

Comme nous l'avons dit au cours de nos précédents ouvrages : un athlète bien équilibré est calme, aucun de ses gestes n'est heurté, tous sont harmonieux, rythmés et fournissent le maximum de résultats.

Enfin, il est nécessaire de se répéter que la discipline fait la force principale d'une équipe. On se pliera donc dès le début et sans rechigner à cette discipline fort douce d'ailleurs.

Une équipe bien disciplinée présente une cohésion telle que l'adversaire ne se trouvant pas dans le même état est battu à l'avance.

Comme preuve à ce que nous avançons, constatons que armée française contre armée anglaise, les Français tiennent plus que honorablement leur place. Ceci est dû uniquement à l'habitude d'obéir que n'ont pas ou se refusent à avoir nos équipiers civils.

Les Anglais au contraire acceptent franchement cette discipline sur le terrain, quoique par tempérament ils soient plus individualistes que les Français. Nombre de leurs victoires sont dues à cet état d'esprit.

On peut être individualiste et discipliné, en

étant frondeur on ne fait que perdre son temps... et celui des autres.

Nous croyons avoir étudié tout ce qui a trait à la préparation et à l'entraînement du footballer.

Nous savons donc manier le ballon, nous sommes en possession d'une parfaite souplesse, de résistance et de coup d'œil. Il est temps d'attaquer le jeu lui-même, mais ce jeu suit des lois bien établies qui sont des règles immuables à l'heure actuelle. Il nous faut les connaître exactement avant d'aller plus loin.

III

Voyons donc maintenant les règles particulières du jeu. A ce propos il est préférable de se référer au règlement élaboré par l'International Board, règlement adopté par toutes les associations.

Article 1er. — Le jeu se compose de 22 équipiers, 11 dans chaque camp. Au cas où l'un des joueurs viendrait à manquer et qu'il serait remplacé la partie étant commencée, le remplaçant avant de gagner le terrain se présentera à l'arbitre. De même pour le joueur retardataire.

Le terrain lui même aura 119 mètres au

maximum de longueur et 91 au maximum de largeur. Ses dimensions minima seront de la moitié des précédentes environ, soit, respectivement 91 et 45 m. 50.

A chaque coin de terrain afin de le délimiter on fixera des drapeaux d'une hauteur de 1 m. 52 au minimum afin qu'ils demeurent parfaitement visibles.

Les lignes extrêmes en haut et en bas, sont les *goal lines* ou lignes de but.

Celles qui sont perpendiculaires aux précédentes, c'est-à-dire tenant la longueur du champ sont les lignes de touche.

Une droite, parallèle aux lignes de but, divisera le terrain exactement en deux parties.

Le centre est marqué par un cercle ayant un diamètre de 18 m. 300 soit en mesure anglaise : 20 yards.

Les buts eux-mêmes sont composés de deux piquets plantés sur les lignes de but, séparés l'un de l'autre par une distance de 7 m. 320. Un troisième, montant perpendiculairement aux deux premiers, les relie à l'extrémité supérieure et se trouvant à une hauteur de 2 m. 440 à partir du niveau du sol.

La *surface de but* se compose d'un rectangle entourant les deux montants et ayant 18 m. 300 de longueur sur 5 m. 490 de largeur.

La *surface de séparation* est un second rectangle enfermant le premier. Il aura 16 m. 170 de largeur.

Le *point de pénalité*, (*penalty Kickmark*) se place à 10 m. 980 du centre de chaque but.

Le ballon employé dans le foot-ball association est sphérique de 675 à 700 de circonférence. Son poids varie entre 368 grammes 874 à 425 grammes 525. Il est recouvert de peau sans adjonction d'aucun produit nocif.

Toutes les lignes doivent être marquées à plat sans surélévation ou rigoles, qui sont dangereuses.

Les matches internationaux se jouent sur le terrain de 110 mètres sur 73 m. 20 ou 100 sur 63 m. 35.

Article 2. — Le temps d'une partie complète est d'ordinaire de 90 minutes.

Le coup d'envoi ou le côté du terrain est tiré au sort.

Le coup d'envoi est donné du centre du jeu, c'est-à-dire du point marqué au centre du cercle indiqué plus haut.

Avant que le coup soit donné, les joueurs du camp opposé doivent se tenir à 9 m. 150 de la ligne centrale.

Pour ce coup d'envoi, le ballon est posé à terre et ne peut être tenu dans les mains ou surélevé d'une façon quelconque.

Le coup de pied ne peut être donné que par l'un des joueurs et non par une personne étrangère, exception faite pour certaines fêtes de charité ou autre.

Article 3. — Après la première moitié de la partie on change de côté. Cet arrêt ne dépasse pas d'ordinaire cinq minutes, à moins de raison exceptionnelle, dont l'arbitre seul est juge.

A la reprise c'est le camp opposé de celui qui a donné le coup d'envoi à qui revient cet avantage.

Un but ayant été marqué, le camp perdant a droit à un coup placé au centre du jeu.

Fig. 5. — Le coup de tête, un demi brise une attaque adverse.

Article 4. — Un but est marqué, lorsque le ballon a passé entre les piquets du but et *sous* la barre transversale.

Ce but, pour être valable, ne peut avoir été obtenu en portant le ballon ou en le frappant de la main.

Dans les cas équivoques l'arbitre est le seul juge pour accorder ou refuser le but suivant les circonstances. Lorsque le ballon sort des lignes délimitant le terrain, il est hors de jeu.

Dans tous les autres cas, il est en jeu, soit qu'il ait touché un arbitre, un juge de touche ou une barre de but.

Article 5. — Le ballon hors jeu est rejeté à l'intérieur par un joueur du camp opposé à celui qui l'a mis hors jeu.

Il rejette le ballon en le tenant dans les mains. Dès qu'il a touché le terrain le ballon est de nouveau en jeu et dès cet instant un but peut être marqué. Par contre, on ne peut marquer un but en rejetant le ballon en jeu.

Article 6. — Le ou les joueurs les plus rapprochés de la ligne adverse, au moment où le ballon est rejeté est momentanément hors jeu, tant que le ballon n'a pas touché un autre joueur. Ceci, comme on le comprend, pour éviter les combinaisons trop habiles.

Dans le cas d'un coup de pied de coin ou d'un coup de pied de but aucun joueur n'est hors jeu si le ballon a touché un adversaire au dernier moment.

Article 7. — Le ballon ayant dépassé la ligne de but est renvoyé par un joueur quelconque appartenant au camp de ce but.

Le coup de pied est donné dans la surface de but du côté où le ballon est sorti de la ligne.

Si le ballon touche un des joueurs du camp de but, la ligne de but aura été franchie, c'est un joueur du camp opposé qui donnera le coup de pied de renvoi, en plaçant le ballon à 90 centimètres du drapeau de coin.

Dans aucun cas, on ne peut enlever ce drapeau pour donner un coup de coin.

Les joueurs du camp opposé se tiendront, au moment de ce coup de renvoi, à 9 m. 150 du ballon.

Article 8. — Dans la surface de but, le gardien peut se servir de ses mains pour arrêter le ballon, mais il ne doit pas le porter. Dans sa surface de but, il est libre et ne peut être attaqué; en revanche, s'il sort de la surface de but, il devient égal à tout autre joueur.

Le gardien n'est pas changé en cours de partie, sans autorisation de l'arbitre.

Article 9. — Il est défendu de frapper, de bousculer, ou de faire un croche-pied à un joueur du camp opposé.

De même, aucun joueur ne peut toucher le ballon autrement qu'avec les pieds, c'est-à-dire avec les épaules ou les mains, la tête par exemple.

En terme général, les mains et les bras, ne doivent avoir aucune part dans le jeu, soit contre le ballon, soit contre un adversaire.

La charge, qu'elle ait lieu par devant ou par derrière est donc interdite. Le foot-ball contrairement au rugby est un jeu tout de souplesse et de finesse, non point de brutalité.

Article 10. — Le ballon est considéré comme joué, lorsqu'il a fait un tour complet sur lui-même.

Lorsqu'un coup de pied franc est accordé à

un camp, les adversaires se tiennent à 9 m. 150 jusqu'à ce que le ballon ait été joué.

Le joueur qui vient de donner le coup, ne peut retoucher immédiatement, avant qu'un autre joueur n'ait touché à son tour.

Sont coups de pied franc : le coup de départ, le coup de coin, le coup de but.

Article 11. — Seulement dans le cas d'un coup franc accordé pour infraction, peut être compté un goal; dans aucun autre cas, il n'est valable.

Article 12. — Il est défendu de porter des clous ou tout autre pièce métallique aux chaussures.

Les boutons devront être ronds et aplatis. En un mot tout ce qui risque de blesser un adversaire est interdit.

Les barres en cuir sous la pointe de la bottine sont autorisées, mais non les barres métalliques.

Tout joueur qui ne se prêterait à ces obligations serait immédiatement exclu de la partie. C'est à l'arbitre à veiller à l'exécution de cet article.

Article 13. — L'arbitre désigné, aura pleine autorité pour faire respecter les règles du jeu et ses décisions seront sans appels.

Il chronomètre le temps et tiendra compte des arrêts involontaires survenus en cours de partie.

En cas de désordre, il pourra interrompre le jeu et le faire reprendre ensuite à sa volonté.

Il accordera un coup libre au camp adverse du joueur qui aura commis une infraction légère.

Les décisions de l'arbitre sont valables pendant la durée entière de la partie.

Article 14. — *Les juges de touche*, au nombre de deux, sont chargés de constater la sortie du ballon hors jeu et de décider à qui revient le coup de renvoi.

Leur pouvoir est naturellement subordonné à celui de l'arbitre ; ils l'aideront dans ses fonctions de surveillance et pourront être relevés par lui au cas d'infraction aux règlements.

En général, il est préférable de choisir les juges de touche en dehors des personnes plus ou moins affiliées aux deux équipes, afin d'être certain de leur neutralité.

Article 15. — Un point quelconque étant en discussion, le ballon demeure en jeu jusqu'à ce qu'une décision ait été prise.

Article 16. — Après un arrêt, si le ballon n'était pas hors jeu, il est relevé par l'arbitre et lorsque la partie reprend, l'arbitre le laisse retomber à l'endroit où il l'a relevé. Dès qu'il a touché le sol, il est en jeu de nouveau.

Article 17. — A la suite des infractions aux articles 5, 6, 8, 10 et 16, un coup franc est accordé au camp adverse. Il doit avoir lieu à l'endroit où l'infraction s'est produite.

Pour infraction à l'article 9, un coup sera accordé au camp opposé. Le coup doit être donné de la surface de réparation, les joueurs, se tenant à l'extérieur, sauf celui naturellement qui donne le coup pied.

Dès que le coup est donné, le ballon est en jeu et par conséquent un but peut-être acquis sans que le ballon ait à toucher un autre joueur.

L'arbitre est seul juge de la valeur d'un coup de réparation et il a le droit de le faire recommencer s'il n'a été exécuté régulièrement, même un but ayant été marqué.

Voici donc la règle du jeu au complet. En résumé, le foot-ball doit être joué sans l'usage des mains, seuls les pieds peuvent toucher le ballon.

Comme en outre, toute brutalité est interdite, on comprend quelle finesse et quelle agilité sont réclamées de l'équipier.

Les qualités de sang-froid sont également de première nécessité.

Nous répéterons ici, ce que nous avons déjà dit à propos des sports en général : *Conservez toujours le sourire*, vous prouverez ainsi que l'effort ne vous est point pénible, c'est-à-dire que vous êtes un athlète en bonne forme.

Dans toute partie, rappelez-vous que le rôle de l'arbitre est très ingrat. Facilitez-lui donc sa tâche autant que possible, c'est votre avantage.

D'ailleurs toute insolence, toute brutalité à l'égard d'un arbitre ou d'un juge de touche, doivent être sévèrement réprimées par les coéquipiers de celui qui est coupable.

L'arbitre, de son côté, évitera de trop user du sifflet. Toute interruption de partie est une

Fig. 6. — L'arrière droit sauve son camp d'une attaque dangereuse.

cause de désordre, partant de fatigue pour l'arbitre lui-même.

Le bon arbitre sait discerner d'un coup d'œil si une infraction ou une faute valent la peine d'un arrêt. Cependant il se gardera à ce propos de favoriser un camp plutôt que l'autre.

Du juge de touche, on réclame une grande attention et une parfaite impartialité. Jamais il ne devra perdre de vue les évolutions des équipes, sinon il serait surpris par le saut inattendu du ballon, à la minute précise où il serait le moins prêt.

Il considérera le ballon comme hors de jeu, seulement lorsqu'il aura franchi complètement la ligne de touche.

Les *penalties* infligées par les arbitres doivent être acceptées sans récriminer par les deux équipes. Une penalty se rattrape, l'énervement que cause une discussion ne se rattrape pas.

D'une façon générale, une discussion sur le terrain est futile, elle indispose tout le monde, y compris le public. S'il y a une remarque à faire soit à l'arbitre, soit au juge de touche, que ce soit l'un des équipiers qui se charge seul de porter la parole.

Le terrain n'étant délimité nettement que par les quatre drapeaux, il est évidemment interdit d'enlever ou de déplacer ces drapeaux, pour un temps même court. Les drapeaux dont la hampe est terminée par une pointe sont défendus, à cause des accidents qu'ils peuvent engendrer. Il est préférable d'y assujettir une boule quelconque.

Evitez toute discussion lorsque l'arbitre accorde soit un coup de pied franc, soit un coup libre. Cette décision étant sans appel, tout ce que vous direz sera peine perdue. L'arbitre d'ailleurs, ne doit jamais revenir sur une décision en cours de partie, il entraînerait ainsi le plus souvent un beau désordre qui ne serait plus un effet de l'art.

La situation des joueurs hors jeu est fort délicate, et ce sera faire preuve de leur part de *sporting spirit*, en n'interférant point dans la partie.

Le foot-ball est une école de discipline, comme une école de loyauté. Tout joueur qui se montrerait d'une habileté astucieuse ou manifesterait de la mauvaise humeur, devra être éloigné par ses co-équipiers. Dans les grands matchs, il serait, malgré sa science du jeu, une gêne pour tous, en indisposant les assistants et en rendant l'arbitre méfiant.

Le foot-baller, sera avant tout un véritable *sportsman*, tant au physique qu'au moral. Son équanimité sera un indice de son énergie et de sa force de caractère.

Disons aussi quelques mots des assistants, qui, fort souvent, ont une conduite absolument déplacée. Qu'ils s'autorisent des cris d'encouragement à l'égard des champions préférés, rien de plus juste. Mais qu'ils injurient ceux qui ont eu le malheur de leur déplaire indique uniquement un manque d'éducation et une absence absolue d'esprit sportif.

De même, qu'ils ne prennent pas part aux discussions entre arbitres et équipiers. La plupart du temps ils ont incomplètement vu le coup dont ils discutent. Ils ne font alors qu'envenimer le mal et accroître le tumulte.

Il est également de fort mauvais goût d'enguirlander les champions du Tarn, par exemple, simplement parce que vous êtes Tourangeau et inversement.

Que les spectateurs trop attentifs, qui prennent part au jeu en envoyant des coups de pied dans les tibias de leurs voisins, se calment. La partie se joue sur le terrain et non dans les tribunes.

Manifestez votre admiration pour le vainqueur, mais n'ayez pas d'injures ou de moqueries pour le vaincu... et inversement, parce que le vainqueur n'est pas de votre pays.

Ces quelques mots auront leur application en toutes occasions que les assistants, qui après tout sont des hôtes, fassent preuve de bonne tenue. Qu'ils acclament le vainqueur à quelque nationalité il appartienne.

Avant tout, comme disent les Anglais :

« Be a sportsman! »

Nous savons quelles sont les règles du jeu, voyons enfin comment il se joue et quel est le rôle de chacun.

IV

Nous avons dit que chaque équipe, se compose de onze joueurs. Chacun des joueurs a un rôle bien fixé, ainsi qu'une place au début de la partie.

Ils sont disposés comme l'indiquera la figure, c'est-à-dire :

En première ligne :

5 avants, dont 1 centre avant,
2 intérieurs (un droit, un gauche),
2 extérieurs (un droit, un gauche),

3 centres, dont 1 demi-centre,
2 demi (un droit, un gauche),
2 arrières, dont 1 droit, 1 gauche.
Enfin le gardien de but.

Dans une équipe coordonnée, chacun des joueurs est attaché à la place à laquelle le prédispose ses qualités athlétiques.

Les cinq avants, sont la ligne d'attaque.

Les trois demi, composent la réserve qui vient aux coups durs, suppléer les avants, lorsque ceux-ci sont enfoncés par les avants adverses.

Les arrières, appartiennent à la territoriale; ils sont les derniers soutiens du gardien de but et dans les mêlées soutiennent un choc formidable.

Enfin le gardien de but, est le suprême refuge de l'équipe entière : à lui les ennuis, les injures, les malédictions, rarement les compliments.

Le centre avant est celui qui donne le coup d'envoi.

Dès lors, il fonce, c'est son rôle, le ballon

Fig. 7. — La lutte pour la balle à proximité d'un but

qu'il a shooter, il le poursuit, veut le pousser plus loin encore.

Naturellement, il a en face de lui les avants adverses qui ont comme prétention justifiée de s'opposer à ses plus naïfs désirs. Il en résulte que plus il fonce, plus il est malmené.

En conséquence, le centre avant doit faire preuve de vigueur, de résistance et d'endurance. Durant la partie entière, c'est lui qui mène le train, sans jamais s'occuper si ses deux inters le suivent. Il ne faut pas qu'il s'en occupe, c'est aux autres à le soutenir. Son but unique est le ballon qu'il veut envoyer au travers du but qu'il aperçoit devant lui.

Pour toute équipe, on choisira comme centre avant, l'équipier le plus massif, le plus lourd et souvent le plus grand, la taille offrant toujours un immense avantage.

Pour lui, il soignera ses massages qui seront vigoureux. Il doit supporter les horions avec une tranquille équanimité. S'il est déjà bien entraîné, on lui recommandera le matin le tub froid qui donne plus de dureté aux tissus. Il ne négligera pas non plus les massages du cou et des omoplates, souvent il aura besoin de sa tête pour arrêter la balle.

Comme mouvements de gymnastique à exécuter le matin, nous recommandons, ceux des jambes, tome II fig. 22; ceux du buste, tome II fig. 8 et fig. 16.

Son régime alimentaire sera très copieux, la quantité de boisson abondante.

Il devra à l'entraînement s'apprendre à shooter des deux pieds, dans n'importe quelle position.

Il se déplacera toujours en droite ligne, dans la direction du ballon, sans égard pour les obstacles qu'il aperçoit.

Jamais il ne craindra la mêlée, et lorsqu'elle se présente, il prendra seulement la précaution de baisser la tête en écartant les coudes du corps, les mains ramenées vers la ceinture.

Il ne doit s'arrêter à aucune combinaison trop savante, manquant d'ordinaire de temps pour réfléchir.

Ses yeux ne quittent pas le ballon, il le suit dans toutes les directions, arrête ou projette de la tête aussi haut que possible, en sautant.

Quand il approche du but, en pleine mêlée, son rôle est de créer une trouée par son poids, sa masse, permettant ainsi à ses deux inters d'intervenir avec fruit.

Pour le coup de pied, il évitera toujours la chandelle, son shoot devra être direct, violent, sans égard pour les obstacles qui pourraient se présenter.

Si la balle rebondit à la suite d'un shoot trop direct, c'est aux inters à la recevoir et à la relancer dans une fissure.

En résumé, le rôle du centre avant est de forcer, de pousser le ballon en avant, de dégager quand les inters adverses ou autres équipiers gênent les siens.

Pour ces dégagements, il n'a pas à réfléchir, il se contente de pousser la balle hors de la mêlée, ses co-équipiers qui le surveillent arriveront à la rescousse pour profiter de l'éclaircie.

L'équipe qui possédera le centre avant le plus massif, aura beaucoup de chances de victoires.

C'est un métier dur, pénible et qui entraîne plus de horions que de sourires.

Les intérieurs flanquent le centre à droite et à gauche, ils le surveillent, le suivent, obéissent à tous ses mouvements.

Quand il se trouve en mêlée, ils le soutiennent, se placent derrière lui, prêts à recevoir le ballon qu'il leur passera machinalement.

Après un dégagement du centre, ils auront avantage à pousser la balle vers leurs exters, libérant ainsi le terrain.

Aux mêlées, ils prennent part franchement, mais seulement pour jouer des jambes dès que le ballon arrive à leur portée. Alors, ils le rechassent ou devant le centre qui pourra peut-être le prendre au passage ou dégageront franchement, en l'envoyant aux exters par un coup de flanc vigoureux.

On doit réclamer d'eux un coup d'œil rapide et l'esprit de décision.

Ils seront également massifs, mais moins que le centre; s'ils le sont autant, c'est tout avantage.

Mais si le centre ne réfléchit jamais, eux, au contraire, se tiennent toujours sur le qui-vive, l'esprit alerté.

Cependant ils s'éloigneront peu de leur centre, qu'ils sont contraints de soutenir en toute circonstance.

Leur principal rôle, est le dégagement sur les exters, qui eux, possèdent la place pour les meilleurs shoots en oblique.

Les mouvements qu'ils auront à exécuter le matin, sont à peu près les mêmes que ceux du centre. Ils ajouteront la circonvolution latérale : tome II, fig. 10.

Les massages du soir sont :

Tome II, fig. 1, 2, 3.

Tome III, fig. 1 et 2.

Tome I, massages du deltoïde, et de l'omoplate.

Les qualités spéciales requises des intérieurs, sont donc : poids, vigueur musculaire, esprit de décision, endurance aux coups.

Près du but adverse, ils seront extrêmement pressés, ce sera le moment de ne point fléchir, de résister aux horions et de tenir ferme sur ses quilles. Un gringalet serait transformé en pâté de foie.

Les extérieurs, au contraire, qui font pourtant également partie de la vague d'assaut, doivent surtout être vite.

Leur position est aux extrémités du terrain, un peu au-dessous des inters.

Leur occupation véritable est de toujours courir et de ne jamais se laisser englober dans une mêlée. Lorsque celle-ci se produit, ils demeurent légèrement en arrière, se déplaçant continuellement, cherchant à ne pas perdre de vue la balle.

Lorsque les inters dans une mêlée parviennent à dégager, ce sont les exters qui devront s'en emparer, il leur est donc nécessaire d'être toujours à l'œil, afin de ne laisser échapper l'occasion.

L'exter qui parvient en ces conditions à prendre possession de la balle, tâchera de dribbler pour s'éloigner de la mêlée et tâcher de placer un coup en coin.

Si le centre est arrivé à se dégager de la mêlée, ce sera à lui, ou à l'un des inters que l'on poussera rapidement le ballon par un lancer rude et en droite ligne.

Dans ce cas, il faut toujours craindre la

malencontreuse chandelle qui à ce moment peut parfaitement changer la face de la partie.

Si c'est le camp adverse qui a l'avantage, c'est-à-dire que l'on est poussé dans ses buts, la même tactique est toujours profitable. Mais alors il est préférable de ne point rejeter en oblique vers les centres, plutôt vers les exters opposés, ceci afin d'alléger le terrain.

Comme on le voit la besogne des exters est très compliquée.

Dans une équipe bien équilibrée, ils seront choisis de préférence parmi les joueurs de petite taille, très souples et très rapides.

L'exter doit être un sauteur, un coureur de vitesse et ne jamais être sujet à l'essoufflement.

Les mouvements de gymnastique qui lui sont recommandés, durant les séances du matin, sont les mouvements d'assouplissement :

Tome II : fig. 8.
— fig. 9.
— fig. 13.
— fig. 16.
— fig. 19.

Les massages sont ceux du thorax, des cuisses, des pieds.

Aux jours de liberté : des courses sur 60 à 100 mètres. (Voir tome III.)

Voici donc tout ce qui touche aux joueurs d'avant, passons maintenant aux derniers.

Ceux-ci, comme nous l'avons dit plus haut, appartiennent à la réserve. Leur rôle général est de protéger le but en n'autorisant jamais la balle à franchir leur ligne.

Sans être aussi massifs que le centre avant ou les inters il est bon qu'ils soient solides et résistants; qu'ils jouissent d'un parfait sang-froid.

En résumé, ils sont le roc qui barre le chemin aux avants adverses.

Mais en même temps, ils suivent les mouvements de leurs propres avants. Ceux-ci attaquent-ils rudement en fonçant; ils avanceront pour saisir la balle au cas où un adversaire dégagerait par un coup long.

Ces mouvements cependant réclament moins de vitesse que pour les exters, voire les inters.

Ils se déplaceront progressivement, sans trop

de hâte, parce qu'un lancer bien donné pourrait passer par dessus leur tête.

Pour éviter cet inconvénient, ils ne se tiendront pas sur la même ligne, ce sera le centre-demi qui sera le plus avancé, ses compagnons le flanquant à quelques pas en arrière.

Ceux-ci modèleront leur pas sur le sien et le suivront attentivement des yeux. Il est fort possible en effet, que, parant un lancer un peu court, il se voit pressé par l'arrivée en avalanche de l'équipe opposée. Le seul moyen de se tirer d'affaire, sera de transmettre la balle à une de ses ailes, naturellement celle qui aura le plus de terrain libre. Le jeu sera aussitôt allégé et l'attaque du camp ennemi arrêtée net.

Il évitera toute sorte de dribbling, laissant cette tâche à ses ailes, en leur envoyant le ballon. Il préférera les shoots vigoureux en oblique, passant par dessus les têtes.

Un coup ainsi donné peut aller atteindre un exter qui continuera aussitôt par un coup de coin.

Il veillera toujours à la remise en jeu de la

balle par le gardien du but opposé. Cette remise en jeu est toujours suivie ou plus exactement accompagnée d'une attaque en masse par le team adverse.

Si donc il ne peut arrêter la balle et shooter immédiatement, toute l'équipe opposée se trouvera sur son terrain.

Les deux demi-ailes ont pour mission de seconder leur centre, ils se tiendront à sa disposition pour recevoir la balle dès que celui-ci la leur transmettra.

Ne pouvant rien espérer par eux-mêmes, ils la transmettront à leur tour, soit aux exters, soit au centre-avant, si celui-ci est bien placé.

Il y a là une question de coup d'œil et d'esprit de décision que l'on obtient par le sang-froid et la pratique.

En résumé, l'état de demi ne réclame pas des qualités athlétiques exceptionnelles, plutôt des qualités morales : du calme, de la patience, une attention soutenue pour suivre les phases de la bataille.

Leur rôle est purement un rôle de dégagement, c'est pourquoi ils ne se tiendront jamais trop près des avants.

Les massages, pour eux, sont ceux du buste, des jambes et des pieds.

Les mouvements de gymnastique aux séances matinales, sont :

Tome II : fig. 22.
— fig. 21.
— fig. 17.
— fig. 12.

Les sports à cultiver aux jours de liberté : la marche athlétique, le saut en hauteur avec élan. (Voir tome III.)

Leur taille doit être dans la moyenne, parce qu'ils ont besoin de vitesse en même temps que de résistance.

L'effort pour eux n'est pas soutenu comme pour les avants, mais il est souvent brutal et doit être donné à point.

Les arrières seront de bons joueurs, mais surtout doués de calme et de sang-froid, aussi massifs que possible, capables de résister seuls à l'avalanche des avants adverses, par le simple effet de leur masse.

Ils ne doivent pas craindre la mêlée et au contraire la favoriser, dès que la situation devient critique.

Une bonne mêlée au moment propice, permet au gardien de but de chiper la balle et de dégager par conséquent aussitôt.

L'arrière n'a pas besoin d'être un bon shooter; il doit être lourd au contraire, recevoir sur les reins sans broncher, le paquet des attaquants.

Leur place est en avant du but, assez séparés l'un de l'autre, pour arrêter les coups obliques, mais assez près pour pouvoir se rassembler au moment d'une attaque violente.

Ils sont uniquement chargés de favoriser le jeu du gardien de but et après les lancers courts, de repasser la balle aux demi-ailes.

Disons ici que l'on a toujours avantage, dans la transmission du ballon, de le passer aux ailes ou aux exters, plutôt qu'aux centres. Ceci est contraire à l'opinion de beaucoup de joueurs, mais à notre avis, ce procédé allège toujours le jeu, favorisant les passes, désagrégeant la masse des attaquants ou des opposants.

Les qualités réclamées des arrières sont

donc : le calme, le sang-froid, la force massive, résistante, l'endurance aux horions et aux bousculades, le goût de la mêlée qui malaxe les tibias, bleuit les côtes et abîme les cors aux pieds. Mais c'est le seul moyen de sauver le but serré de trop près.

Les massages sont : tome II : fig. 1.
— fig. 2.
— fig. 5.

Les mouvements du matin : tome II : fig. 7.
— fig. 8.
— fig. 9.
— fig. 10.

Les sports à pratiquer : la marche athlétique de fond.
: les exercices de [illegible]e-vée et de volée.

(Voir : tome III.)

En un mot, il leur faut développer leur vigueur musculaire, tout en conservant leur poids.

La place de gardien de but est des plus importantes, on ne mettra donc trop de soin à choisir le *right man*.

C'est sur lui en effet que repose toute la sécurité de l'équipe et quand un goal est perdu, tout le monde le lui impute. Il devra donc tout d'abord être doué de longanimité et accepter les reproches avec le sourire.

Surtout il lui faudra être grand, tout en jouissant d'une certaine souplesse. Inutile qu'il possède la massivité du centre avant, au contraire, maigre, délié, souple, il rendra les meilleurs services.

Mais surtout qu'il montre un parfait sang-froid en toutes les circontances et que ce sang-froid ne s'affaiblisse jamais.

Le bon gardien de but n'est pas celui qui se promène d'un air détaché lorsque son équipe est loin, mais celui, au contraire, qui suit la partie avec attention.

Tous les vieux joueurs savent combien les fantaisies de la balle sont déconcertantes; on croit qu'elle se promène tranquillement à terre, entre les pieds des équipiers et brusquement la voilà qui se glisse sur la droite ou la gauche du gardien.

En vérité, pour celui-ci, n'existe aucun

moment de répit, il se tiendra sur le qui-vive continuellement, surveillant ses arrières dont le rôle est non point de le protéger totalement mais de lui gagner du temps.

On comprend dès lors quel doit être l'entraînement spécial du gardien de but. Tout d'abord il doit savoir sauter et sauter dans toutes les positions. A tous ses jours de liberté, il s'exercera donc au saut, sans élan, tel que nous l'avons indiqué au tome III.

Chez lui cependant les qualités athlétiques sont moins importantes que les qualités morales : patience, calme, sang-froid.

Il apprendra seulement à shooter avec le maximum de rendement.

Il s'habituera également contre un mur à recevoir la balle dans toutes les positions.

Les massages du soir et les mouvements du matin seront ceux qui lui conviendront le mieux, nous n'avons aucun conseil spécial à lui donner à ce propos.

Dans une partie, il se méfiera toujours des coups de coin qui sont traîtres et les attendra au côté opposé de son but. Surtout il ne s'énervera pas durant cette attente.

En résumé, le gardien de but, sera le plus grand et le plus souple parmi les grands de l'équipe. Il s'exercera au saut, à tous ses moments de loisir. Et il écoutera les reproches, les hurlements des spectateurs en se bouchant les oreilles, fort de sa conscience.

Le capitaine n'est pas forcément le meilleur joueur. Il doit seulement bien connaître les règles du jeu et jouir d'un coup d'œil prompt. Les qualités athlétiques sont sans importance, mais il faut que son équipe ait confiance en la justesse de ses appréciations.

Si les équipiers ou quelques-uns d'entre eux refusent de lui obéir, il se démettra immédiatement de ses fonctions.

Il est nécessaire, en effet, que ses ordres soient exécutés durant la partie avec rapidité et sans discussion.

Il reste toujours préférable de posséder un capitaine qui se trompe parfois dans ses appréciations, que celui qui ne sait se faire obéir.

Son rôle est de surveiller étroitement la partie, de lancer ses hommes aux points faibles, de boucher immédiatement dès qu'elles se produisent les moindres éclaircies.

Par contre, il laissera toujours libre le gardien de but, le harceler serait l'énerver et lui causer une inquiétude préjudiciable.

Il manœuvrera surtout les demi qui sont un organe mouvant et il dirigera l'attaque des avants.

Tout en surveillant les siens, il ne perdra pas de vue l'équipe adverse, afin de prévoir les ruses tactiques qu'elle pourrait préparer.

On se rend compte combien il a besoin de sang-froid et de tranquillité, ses équipiers ne s'occuperont jamais de lui, se contentant d'exécuter ses ordres avec promptitude.

Exempt de vanité, il ne prêtera aucune attention aux tribunes, même qu'elles soient remplies de jolies femmes. Si son team gagne, il sera suffisamment applaudi pour apaiser sa soif de louanges.

Mais il saura également féliciter, d'une façon publique, les joueurs qui se seront distingués pendant la partie.

A la mi-temps, il rassemblera ses hommes et leur signalera les fautes qu'il a remarquées, de même que les faiblesses ou les qualités de l'équipe adverse.

On écoutera toujours ses indications, car seul, il a pu réellement noter les détails des différentes phases du jeu.

. . . .

De tout ce qui précède, on peut conclure que pour obtenir une équipe bien homogène, il est nécessaire que chacun ait son emploi défini et n'en change pas sous des prétextes futiles.

Si vous êtes demi-centre et que vous vous acquittiez bien de votre tâche, ne demandez pas à en changer, de là dépend le succès de votre équipe.

Il faut se rendre compte qu'il n'est pas plus honorifique de tenir un emploi plutôt qu'un autre. Seules les qualités physiques et athlétiques doivent influer sur les choix.

En outre, en ayant sur le terrain toujours la même place, il est aisé de se perfectionner, de suivre l'entraînement musculaire approprié, de se livrer aux massages spéciaux.

Cette homogénéité de l'équipe fait souvent tout le succès, l'habitude de travailler ensemble, chacun avec ses aptitudes propres, amène un auto-mécanisme qui favorise les tactiques, les passes, et les ruses.

De même un demi qui se jette à l'attaque est plus encombrant qu'utile, comme un avant qui fléchit faute de vigueur est la peste d'une partie toute entière.

Dans une association, il est préférable de former des teams différents en tenant compte des prescriptions précédentes, plutôt que de vouloir satisfaire tout le monde. On partagera ainsi les qualités.

Par exemple, si on place un joueur qui ferait un excellent gardien de but, comme demi dans une équipe, sous prétexte que cet emploi lui plaît mieux, on porte préjudice à un autre team qui justement manque d'un bon gardien.

Il faut surtout dans la formation des équipes veiller à l'uniformité rationnelle de la taille, ne point mélanger les très grands, avec les très petits.

Mais tout en conservant un certain niveau,

il ne faudra perdre de vue les indications que nous avons données plus haut.

Mettez toujours les plus massifs à part et dispersez-les dans les diverses équipes. S'ils ne jouissent de toutes les qualités voulues pour faire de bons avants, qu'ils se soumettent à l'entraînement gradué que nous décrivons aux tomes I et II et ils seront rapidement en état de tenir leur place avec honneur.

Si vous possédez un grand échalas, soignez-le, dorlotez-le, il sera un gardien de but précieux. Il s'exercera au saut, se pliera à un entraînement d'assouplissement et il sera la vraie perle que tous les teams vous envieront.

Les jeunes poulains déliés, au souffle soutenu, aux muscles bien travaillés, seront les exters.

Pour le centre-avant, il faut un taureau qui fonce. Il aura larges épaules et solides biceps et une peau bien massée qui résiste aux horions.

Cette sélection est très importante, elle forme à elle seule, la principale valeur d'une équipe.

Il faut habituer les joueurs à connaître réciproquement leur jeu, c'est pourquoi il sera toujours préférable d'apporter le moins de changements possibles dans la constitution d'un team.

Enfin rappelons-nous que nous avons chacun nos défauts et nos moments de faiblesse. Soyons donc indulgents aux autres, gardons les reproches, les injures, pour le ballon qui est un être dépourvu de sensiblerie.

Ménageons notre capitaine qui fait toujours de son mieux, obéissons-lui sans murmurer, c'est notre avantage à tous.

Marquons de la déférence aux arbitres, qui d'ordinaire se prêtent à cette fonction délicate pour rendre service, mais non par plaisir. Si donc ils veulent bien nous prêter leur concours, ne les assommons point de criailleries et de récriminations.

N'ayons jamais un coup d'œil, avant la fin de la partie, pour les tribunes et les dames qui y sont assises. Un joli minois est souvent la cause involontaire d'un mauvais shoot. Ceci s'adresse surtout au gardien de but qui peut parfois jouir de longs loisirs. Evitons la brutalité, mais jouons en force, profitons de notre poids, de la vigueur de nos muscles.

Aussi dans les mêlées, habituons-nous à tenir les coudes écartés, c'est un excellent moyen de protéger ses cors aux pieds qui se montrent parfois d'une sensibilité excessive.

Une penalty est un accident, ne poussons donc pas des cris d'écorchés, lorsqu'elle nous échoit, tâchons seulement d'en tirer le meilleur parti possible.

Que le capitaine commande avec fermeté, mais toujours sans hurlements et sans épithètes destinées à classer le joueur dans la catégorie des pâtés de foie ou des mazettes.

Le terrain sera de préférence une pelouse bien tondue et quelques équipiers se dévoueront avant le jeu, pour la débarrasser de tout ce qui pourrait être cause de heurts ou de chutes.

Le ballon doit être gonflé à bloc, ce qui le rend plus léger et d'un maniement moins pénible. Graissez la peau de temps en temps après une partie, lorsqu'il est destiné à demeurer quelques jours en repos. Il sera ensuite beaucoup plus souple et se gonflera mieux.

Nous croyons avoir passé en revue tout ce qu'il est nécessaire de savoir au sujet du foot-ball association. Nous n'avons plus qu'à souhaiter bonne chance au lecteur qui nous a suivi jusqu'à maintenant.

Répétons-lui cependant encore une fois :

— Soignez votre entraînement sportif et général.

Un bon équipier *est* un athlète complet.

Le Rugby

I

Lorsque l'on a pratiqué le foot-ball, et il devrait toujours en être ainsi, l'entraînement spécial au rugby est minime.

Par contre les qualités athlétiques générales sont beaucoup plus nécessaires. C'est pourquoi nous ne conseillerons jamais à aucun sportif de s'adonner à ce jeu d'une façon sérieuse, tant qu'il n'a pas terminé son entraînement sportif, tel que nous l'avons indiqué aux tomes I, II et III.

Les contre-indications sont les mêmes que pour le foot-ball et nous y ajoutons seulement, la faiblesse de constitution.

Ce jeu réclame un effort de vigueur et de poids considérable, il ne reste donc pas à la portée de tout individu.

Quoique la brutalité doit en principe être exclue, il n'en demeure pas moins que le joueur doit constamment faire preuve de force massive.

D'ailleurs tous les avantages seront pour le joueur bien en forme, qui est coureur, sauteur, lanceur.

Or on ne parvient à posséder ces diverses qualités que par un entraînement gradué et prolongé.

En revanche, si vous vous adonnez à ce jeu sans y être normalement préparé, vous détruisez de gaîté de cœur l'équilibre de votre organisme.

Les joueurs de rugby, quelle que soit leur vigueur naturelle, sont rapidement claqués, ils présentent le spectacle lamentable d'un claquage public et soudain au cours d'une partie importante.

Combien a-t-on vu de nos as, en plein match, s'effondrer tristement, les muscles brisés, le cœur secoué. Doués de qualités exceptionnelles, ils ont tenu un certain temps une belle place, mais le surmenage a amené la chute brutale et inattendue, parce que l'organisme et le système musculaire avaient été incomplètement, voire nullement préparés à cet effort.

Cette génération de jeunes rugbymen qui ont voulu jouer vite, du jour au lendemain, seront incontestablement, à un moment donné, un déchet dans la population des hommes mûrs; si l'effet de cette malencontreuse conduite ne se fait pas visiblement sentir sur eux-mêmes, il se manifestera avec clarté dans leur progéniture.

Le corps humain, répétons-le, n'a jamais été constitué pour ces efforts brutaux, il est donc nécessaire de l'y habituer graduellement par une méthode raisonnée et progressive.

Dans notre tome I, nous avons essayé de réagir contre cette tendance dangereuse de la précipitation. En sport, dans notre époque d'après guerre, chacun veut être bachelier avant d'avoir appris l'a-b-c-d. Le procédé est assurément étrange et n'a aucune explication possible.

Pour le rugby, comme pour tout effort physique longtemps soutenu, préparez votre cœur, vos poumons, vos muscles, qui vont travailler durement. Or cette préparation ne se produit pas simplement en jouant.

En outre, dans l'organisme, tout est solidaire, la respiration règle la circulation ; la circulation permet le travail des muscles, si elle est régulière et suffisamment rapide. Les tissus eux-mêmes ne peuvent être négligés et c'est pour cela que nous avons toujours préconisé les massages légers ou plus exactement les auto-massages, éliminant *à priori* les massages durs, au gant de crin..., etc. Le massage par professionnel doit être réservé aux personnes en pleine maturité ou aux sportifs non amateurs, qui font d'un sport un gagne-pain.

En résumé, la seule conduite sage, si vous souhaitez vous adonner au rugby avec fruit, est de vous soumettre à l'entraînement général complet, que nous décrivons dans les tomes I, II et III.

Assurément, notre méthode n'est pas la seule de bonne, il en existe d'autres qui sont excellentes. La nôtre a l'unique avantage d'être simple et à la portée de toutes les situations. On parvient à l'athlétisme intégral, graduellement, sans accident. Le test du tome II précise enfin vos dispositions aux sports.

Ceci n'est pas un plaidoyer *pro domo*, mais une tentative sincère pour réagir contre les excès sportifs actuels.

On se lance sans réflexion sur le terrain, on manie le ballon ovale et l'on se déchire les poumons, on se démolit le cœur. Et soudain on s'étonne d'un apparent claquage de muscle qui se produit à l'instant où l'on s'y attend le moins.

Mais si vous êtes un athlète, alors le rugby est un exercice parfait, mettant en œuvre l'organisme complet. Par surcroît, il peut être joué très longtemps et un homme de trente ans le pratiquera encore avec satisfaction.

Les parents qui ferment les yeux sur les excès de leurs enfants sur les terrains de rugby, commettent une mauvaise action, tant vis-à-vis de leur enfant lui-même, qu'à l'égard de la collectivité.

On ne devrait véritablement s'autoriser le rugby avant l'âge de vingt ans. Il existe beaucoup d'autres sports à pratiquer auparavant et le foot-ball est tout indiqué à ce propos. Il permet de développer l'organisme d'une façon harmonieuse... si toutefois on s'est soumis à un premier entraînement général.

Encore une fois, tout se tient dans notre corps, n'abusons pas des efforts de respiration, avant d'avoir acquis une certaine ampleur de souffle.

Tout essoufflement rapide sera l'indice que nous avons dépassé nos forces normales. Ceci n'implique pas que les jeux nous sont défendus, mais uniquement que notre individu manque d'une préparation suffisante.

Tout ceci devait être dit avant d'entamer ce chapitre du rugby. Trop longtemps on a négligé cette vérité que le ballon ovale réclame de son fidèle une dépense de force considérable. C'est, en vérité, le jeu le plus dur parmi ceux qui sont de mode actuellement.

II

L'entraînement spécial au rugby, lorsque l'on a pratiqué le ballon rond, se réduit à peu de choses.

Il faut cependant s'exercer au dribbling qui diffère ici un peu, à cause de la forme spéciale du ballon. Nous ne pouvons donner aucune indication précise à ce propos, c'est la pratique seule qui permettra au sportif d'obtenir l'habitude voulue. On opère toutefois de la même façon que pour le foot-ball. Il faut savoir dribbler des deux pieds et l'élan imprimé au ballon doit rester court, agir latéralement, non point en avant.

Un point important également est de s'accoutumer à ramasser la balle avec prestesse. Pour cela, on joue seul, contre un mur, lançant le ballon à deux mains de très loin. C'est en courant en oblique que se produit la levée, sans interrompre le train.

Cette habitude est assez malaisée à acquérir, il est nécessaire de pratiquer longuement, avec ténacité et toujours seul.

Le lancer des deux mains est une autre difficulté et pour le pratiquer avec fruit, une seule méthode est bonne. Pour la saisir, nous allons décomposer le mouvement, ce qui nous permettra plus de clarté.

Pour la première leçon, contentons-nous du lancer, le joueur restant immobile.

Supposons que vous voulez lancer du côté gauche. La balle est tenue dans la longueur au-dessus de la tête. Le centre de gravité se déplace sur la droite, la jambe droite exécute une légère flexion, la gauche se lève, le pied quitte le sol. Le bras droit donne le choc, le corps entier se rabat à gauche, le pied gauche revient au sol, c'est le droit qui s'est relevé.

En un mot c'est un saut sur place, mouvement qui, avec un peu d'habitude, s'exécute mécaniquement. Si nous le divisons en deux temps, nous voyons :

1er temps, le corps s'en va à droite pour préparer le lancer.

2e temps, en souplesse, il revient à gauche, c'est le lancer proprement dit,

Le ballon quitte les mains du joueur au moment où celui-ci pose le pied sur le sol,

Lorsque la projection a lieu à droite, le mouvement est inverse. Aussi faut-il s'entraîner à lancer des deux côtés.

Pour le lancer en avant, la technique est identique quoique d'apparence différente.

Ici la jambe d'appui est toujours la droite, elle s'infléchit légèrement dans la préparation, la taille se creuse, les épaules se rejettent en arrière, la jambe gauche tendue quitte le sol et se relève.

Les bras en même temps donnent le choc, le buste se *redresse seulement*, le pied gauche va frapper la terre, le droit se lève.

Encore une fois, un saut sur place, exécuté

avec une extrême rapidité. On comprend que pour être bon lanceur, il est nécessaire de s'entraîner avec ténacité; ce mouvement que nous venons de décomposer, doit se produire sans que le joueur y songe. Il devra donc le répéter souvent, très lentement dans la solitude, tâchant d'obtenir des projections de plus en plus longues.

Le coup doit être vif, sec, afin d'éviter que la balle tirebouchonne dans l'air, ce qui diminuera de sa vitesse initiale et partant de la longueur de projection.

Lorsque vous savez parfaitement dribbler, ramasser en vitesse, lancer, vous vous exercez à la passe, qui est une des premières nécessités du rugby.

Afin d'apprendre à coordonner les mouvements, placez-vous devant le mur à longue distance. Le ballon est à terre, près de vous; shootez ferme, en oblique.

Dès que la balle a touché le mur, courez pour la ramasser.

Dès que vous êtes près d'elle, fléchissez sur les deux jambes à la fois, ingéniez-vous à pincer le ballon, d'un geste direct, redressez-vous et faites trois pas rapides dans la direction opposée de celle par laquelle vous est arrivée la balle.

C'est en ceci que consiste le premier temps. Le deuxième est la passe proprement dite.

Tout en continuant à courir, supposez près de vous la présence d'un partenaire, à gauche, par exemple.

Jetez le corps à droite, la jambe gauche lâche le sol; puis elle retombe entraînant le buste à gauche. Les bras, durant ce mouvement, ont balancé, ils se tendent et lorsque le pied gauche touche terre de nouveau, la balle s'en va.

Ce qu'il faut apprendre ici c'est la coordination rapide des mouvements. Il est évident que la passe doit se faire dans toutes les positions, avec le maximum de prestesse.

Sa nécessité se présente lorsque le joueur qui tient le ballon risque d'être arrêté dans sa course par un ou plusieurs adversaires. Comme il est plus ou moins lui-même entouré par des partenaires, il cherche celui qui se trouve en face de plus de terrain libre et passe.

La passe se fait généralement bas, après un appel discret au compagnon. Suivant l'endroit où elle se produit on le présente aux mains ou aux pieds du partenaire. Celui-ci continue la course ou shoote suivant le cas.

Quand on possède bien la passe, la feinte de passe n'est qu'un jeu d'enfant, qui d'ailleurs ne réussit pas toujours.

Il faut ici par exemple feindre, la passe sur la gauche, le pied de ce côté se relève, mais retombe fermement pour procurer au corps un nouvel élan vers la droite. Il y a là un balancement du corps, qui a lieu en un temps très limité, aucun arrêt entre les deux temps n'est possible si l'on ne veut perdre le bénéfice de la feinte.

La passe redoublée ne s'apprend que sur le terrain, elle est d'ailleurs d'un succès plutôt douteux à cause de sa longueur.

Nous lui préférons le crochet pur et simple, exécuté par le joueur.

Pour ce crochet il se produit un mouvement du corps à peu près identique à celui de la feinte de passe exécuté seulement avec plus de vigueur.

Le joueur doit être pour cela parfaitement entraîné à la course et jouir d'un bon souffle. C'est pourquoi nous répétons encore : avant de jouer complétez bien votre entraînement général.

Il est nécessaire également d'apprendre le coup de pied de volée qui doit toujours se faire de justesse. Il faut pour le réussir beaucoup de souplesse, de coup d'œil et un coup de rein vigoureux.

Pour vous y exercer rien ne vaut le mur qui vous renvoie la balle avec rapidité et une sorte de brutalité excellente.

Ce qu'il vous faudra éviter ici, ce sera la dangereuse chandelle. Veillez donc à l'inclinaison du pied. Pour ce faire, habituez-vous à sauter des deux pieds en même temps que vous donnez le shoot.

Celui-ci se complique d'un coup de rein destiné au redressement du centre de gravité.

La balle doit filer en longueur avec vigueur,

passant par dessus les têtes, mais sans hauteur de trajectoire exagérée.

Shooter ferme, avec précision, est une difficulté au rugby étant donné la forme du ballon, cela ne s'obtient que par un lent travail. Cette pratique est surtout nécessaire pour le drop goal ou coup de pied tombé qui a lieu après le premier bond de la balle. Le shoot, ici, doit être ferme, car le plus souvent on est proche des buts.

La mêlée au rugby est d'une extrême importance ; néanmoins l'entraînement spécial n'existe pas. Si votre entraînement général est bien complet, vous pourrez affronter n'importe quelle mêlée avec avantage. L'habitude des coudes en dehors est excellente ici également.

Quoiqu'il en soit, la vigueur physique et musculaire joue le premier rôle à ces moments. Ce sera donc elle qu'il faudra développer avant tout.

Bien shooter est également nécessaire surtout si l'on a les tibias solides et soigneusement protégés par la chaussure spéciale.

Fig. 8 — La passe.

Pour les divers plaquages il est évident que l'habitude de la lutte serait excellente, malheureusement on ne pratique plus ce sport.

Le mieux dans ces conditions est de s'entraîner avec un camarade seul, autant que possible très vigoureux.

Les différents modes de plaquage sont aux jambes, aux cuisses, à la ceinture, aux épaules.

Ce qu'il faut surtout apprendre, c'est d'éviter ou d'esquiver le plaquage de l'adversaire. Ceci ne s'obtient assurément qu'au moyen d'une parfaite vigueur.

Le plaquage à la ceinture, qui se produit presque toujours de flanc, n'a d'autre défense qu'un solide coup de rein en arrière, sur arrêt momentané du pied gauche. L'adversaire est ainsi déséquilibré quelques secondes et si vous êtes rapide il est possible de vous dégager.

Celui des jambes est plus malaisé à arrêter, il n'y a guère que les larges foulées qui entravent son effet.

L'arrêt à la jambe est toujours extrêmement dangereux il faut à tout prix l'esquiver avec du sang froid et de la vitesse.

Un plaquage excellent quand on est grand, est celui aux épaules ; mais obtenir seulement l'arrêt de l'adversaire est insuffisant, il est nécessaire en même temps de le désaxer et cela s'obtient par une pression violente de votre épaule gauche contre son épaule gauche. Contre l'épaule droite ce plaquage est sans effet généralement, excepté si l'adversaire est près de la ligne de touche gauche dans le sens où vous courez.

En résumé c'est en jouant que l'on parvient à l'habileté nécessaire pour opérer ces divers plaquages.

Seul, on s'apprend à shooter, à ramasser, à dribbler, à exécuter une passe en vitesse. Mais lorsque l'on a acquis tout cela, on peut se présenter sans crainte sur le terrain.

Répétons que cet entraînement solitaire est à peu près nécessaire tout comme pour le football ; si l'on se présente immédiatement sur le terrain sans connaître d'une façon parfaite le maniement de la balle, on contracte des habitudes pernicieuses qui font de vous un mauvais joueur.

III

Les exercices de gymnastique à exécuter quotidiennement et avec ténacité, sont tous ceux du tome II. On les prendra par série bien régulièrement et on ne laissera passer un jour sans cette courte séance dont les résultats seront sensibles sur le terrain.

Le tub tiède est également à recommander, nul rugbyman ne devrait s'en dispenser, il y gagne une détente musculaire considérable qu'aucun autre procédé ne peut lui procurer.

Les massages sont ceux des tomes I, II, III, dans l'ordre où ils sont indiqués.

Pour les exécuter, on les prend, quatre par

quatre; chacun de ces groupes compose une séance. Chaque soir, vous changez de groupe, afin de passer en revue le système musculaire.

Le régime alimentaire est celui du sportif en général et que nous avons donné au tome I

Le régime spécial, au moment des grands championnats est celui indiqué au tome III.

Si vous avez l'intention de vous présenter à l'un de ces championnats où va dépendre de vous la gloire des vôtres, il est a peu près nécessaire que vous vous soumettiez à ce régime.

Comme vous ne pouvez jouer chaque jour dans une équipe complète, ayez près de vous un camarade solide, massif et bon shooter.

Aux heures fixées pour l'exercice, cognez sur le ballon tous les deux, essayez de robustes mêlées épaule contre épaule, les bras pendants.

Ce travail est parfait pour vous maintenir en excellent état physique et améliorer votre jeu. L'effort dans ce cas est très soutenu, sans un instant d'arrêt.

Le costume est à peu près celui du foot-ball, le maillot cependant doit être choisi très étroit, parfaitement collant, afin d'éviter les accrochages au cours du jeu.

La culotte ample, ne gênant pas, sera de préférence assez longue pour cacher les genoux, ce qui protège ceux-ci dans les chutes. Une chute bénigne est toujours pernicieuse à l'agilité du joueur; elles devront donc être réduites au strict minimum, avec le maximum de protection.

Les bas sont de grosse laine, retournés au-dessous du genou, sans jarretière.

Les chaussures sont en cuir chromé, avec barres et cônes de cuir sous la semelle, ce qui évite les glissades, assure la solidité des foulées.

Les avants feront bien de se munir du bonnet à oreille, ce sera une protection efficace.

La partie finie, jetez un pardessus sur vos épaules, craignez les refroidissements qui sont fréquents et imperceptibles sur le moment.

On ne devrait jouer en général plus de deux fois par semaine l'effort réclamé à l'organisme est amplement suffisant pour claquer tout individu non entraîné.

Pas de boissons froides au cours des parties; un thé chaud, si c'est possible, à la fin seulement. A la mi-temps, un bonbon acidulé pour tromper la soif et favoriser la salivation.

Le jeu aura lieu toujours au minimum deux heures après les repas. Toute fantaisie à ce propos est dangereuse pour l'organisme tout entier.

En fin de partie, pas de massage au gant de crin, à moins que l'on ne doive jouer encore dans le cours de l'après-midi.

Si l'on se sent fourbu, le meilleur repos, celui qui vous rétablira instantanément, est le repos allongé, les jambes bien étendues, le dos étalé à terre, la tête dans son prolongement. Soyez pour cela couvert d'un pardessus. Quelques minutes d'immobilité complète et les organes ont repris leur place, la circulation s'est rétablie.

Par contre à la mi-temps, ne demeurez pas immobile, marchez doucement auprès de votre capitaine qui aura peut-être quelques remarques à vous communiquer.

Quand vous arrivez sur le terrain, massez-vous les poignets, les chevilles, avec un peu de vaseline, ne craignez pour cela de vous déchausser, car naturellement ce ne seront pas les spectateurs qui vous gêneront.

Ce léger massage a double avantage en mettant, en outre, tous les muscles du buste en mouvement.

Pour obtenir la souplesse de la taille, qui est un facteur important de succès, livrez-vous au moins une fois par semaine à une marche rythmée, le bâton sous les bras (tome I). Vous

Fig. 9. — Le demi de mêlée va saisir le ballon.
Comment doit être faite une bonne sortie de mêlée.

vous apercevrez très vite, que ce bref exercice vous permettra de lutter efficacement contre les bloquages les plus vigoureux.

Avant un coup de pied placé, faites une ample aspiration, l'expiration se produisant au moment du shoot.

Courez toujours la bouche fermée, craignez l'essoufflement rapide qui est l'indice d'une préparation athlétique incomplète.

Le soir, chez vous, soignez avec attention les luxations et les écorchures. Pour les premières, frictionnez avec un bon liniment; pour les secondes, un lavage à l'eau bouillie suivie d'une onction à la teinture d'iode. Ces petites blessures ne doivent jamais être négligées, elles risquent de s'envenimer à cause de leur place, qui dans le jour se trouve cachée par le vêtement habituel.

Sur le terrain, un choc vous ayant été particulièrement douloureux, appliquez dès que vous le pourrez une compresse glacée sur la partie atteinte; ne frictionnez pas, pour la simple raison que vous masseriez peut-être, même très probablement, à contre-sens.

Ne buvez jamais immédiatement avant la partie, la dernière boisson ingérée doit remonter à un minimum de trois quarts d'heure.

Un petit détail important, et qu'il est nécessaire de signaler : urinez toujours quelques minutes avant le jeu, vous éviterez ainsi bien des accidents, bien des fatigues.

Les soins des pieds sont importants, nous renvoyons le lecteur au tome III, où ces soins sont signalés à propos de la course.

La chaussure ici sera souple, ample sans excès, mais ne devra jamais comprimer ni les orteils, ni la cheville. Il est préférable de mettre le prix à de la bonne chaussure et de l'avoir très souple, tout en demeurant résistante.

Si un cor ou un oignon vous fait souffrir, avant de chausser votre bottine de rugby, faite une onction abondante de teinture d'iode, sur ce cor ou sur cet oignon. Laissez sécher et chaussez-vous. La douleur ou la gêne aura disparu, tout au moins pour la durée de la partie.

Voici les quelques petites recettes que nous pouvons indiquer. Il en existe assurément beaucoup d'autres, mais il sera toujours profitable au joueur de ne pas écouter la multitude de conseils que ne cesseront de lui prodiguer les autres équipiers. Ce qui réussit à l'un n'est pas favorable à l'autre, quand il ne s'agit pas de règle générale ayant trait à l'hygiène ou à la physiologie de l'individu.

Il vaut mieux s'en tenir aux quelques préceptes précédents et n'accueillir ensuite que les avis du médecin, seul conseiller qualifié.

Lorsqu'on aura joué pendant un certain temps, deux ou trois mois par exemple, on pourra se soumettre de nouveau au test indiqué au tome II et rechercher son coefficient de robusticité de Piquet. On se rendra compte s'il s'est produit un changement dans l'organisme.

On veillera surtout aux transformations que pourra montrer le rythme du cœur. La maigreur, accompagnée d'une diminution de poids correspondante, est un signe de surmenage.

On cessera dès lors le jeu en équipe et on se réduira à l'entraînement solitaire, tout au moins pendant un laps de temps nécessaire au repos des organes.

Si cette maigreur se compliquait de palpitations au moment de l'effort, il faudrait visiter le médecin.

Encore une fois, avant d'être un rugbyman, il est nécessaire d'être un athlète, sinon l'on est claqué en peu de mois.

IV

Le rugby se joue sur un terrain rectangulaire, marqué par des lignes de touches et des lignes de ballon mort.

La différence avec le foot-ball n'est pas très sensible, le but se trouve seulement à l'intérieur du terrain, tandis que pour le foot-ball, il en forme la base.

Les dimensions sont également à peu près les mêmes, mieux appropriées cependant aux nécessités du jeu.

Elles sont de 144 mètres en longueur, sur 70 en largeur.

Ce terrain est divisé en deux parties égales

par la ligne d'envoi, dont le centre est nettement indiqué.

De chaque côté de cette ligne centrale, se trouve dans les deux camps une seconde ligne appelée ligne des 22 mètres.

Vient ensuite la ligne de but et à une distance égale en arrière la ligne de ballon mort. Dans cette partie du terrain, la balle s'y trouvant, la partie s'arrête.

Comme nous l'avons dit déjà, le ballon est de forme ovale et pèse environ 400 grammes il doit être gonflé à bloc au commencement de la partie.

Le rugby se joue avec quinze joueurs, un arrière, quatre trois-quarts, deux demis, huit avants.

La formation classique est assurément la meilleure.

Contrairement au foot-ball, l'arrière est *mouvant*, si l'on peut dire. Il se déplace avec son équipe.

Les trois-quarts, composent la territoriale de l'armée, ils avancent avec l'équipe, pour faciliter l'attaque, lorsque celle-ci se prononce dans le camp opposé : mais ils s'alignent fermement devant la ligne de but, lorsque l'équipe à laquelle ils appartiennent est trop vivement poussée.

Les demis, sont la réserve qui se porte à l'endroit propice, soit dans la défense, soit dans l'attaque.

Les avants, forment la vague d'assaut, qui doit enfoncer les lignes adverses.

Si l'on réfléchit à ces dispositions, on con-

Fig. 10. — Passe debout sur touche

çoit immédiatement quelles sont nécessairement les qualités de chacun.

Le centre avant, s'il veut remplir son rôle avec efficacité, sera un poids lourd et un athlète absolument complet.

Son effort est constant, sans arrêt. Il sera en outre excellent shooter pour les occasions où le shoot se présentera à lui.

Large d'épaules, les jambes solides, il doit faire sa trouée dans les lignes adverses à l'attaque, et résister sans broncher, plaquer avec vigueur dans la défense.

Les deux avants qui l'encadrent, seront également des athlètes massifs, bien entraînés à tous les sports, doués de souffle et de résistance.

Le centre est le coin qui fait la trouée. Ses deux partenaires sont la masse compacte qui agrandit le trou.

Leur entraînement général, à tous les trois, est celui du tome II. Chaque matin, ils exécuteront une leçon entière, sans brusquerie, mais avec énergie.

Le soir, ce sera un massage patient, dépourvu de brutalité, mais tenace.

Ils veilleront aux muscles du torse, au deltoïde, au psoas.

Ils éviteront à leurs moments de loisir, les sports durs comme l'aviron, les agrès, les poids.

En revanche, ils pratiqueront la marche athlétique le plus souvent possible.

Jamais ils ne négligeront le tub tiède, qui est le plus parfait délassement musculaire, en même temps que le meilleur entretien des tissus.

Ceux-ci, en effet, ont besoin d'une grande résistance aux chocs, aux coups, aux chutes.

Il ne faudrait pas croire que les qualités physiques naturelles suffisent à faire un bon talonneur ou de bons avants. Ces qualités demeureront presque toutes sans emploi, si elles ne sont aidées par un entraînement soutenu.

Or, ce n'est guère que cet entraînement qui manque à la plupart de nos équipes, constituées par des éléments splendides, mais d'une insuffisante résistance.

L'énergie mal servie par un système musculaire défaillant, est plutôt un malheur pour le joueur qui ainsi est amené à dépasser ses forces.

On croit généralement que pour être bon rugbyman, il faut jouer beaucoup. C'est là une erreur fatale à beaucoup d'équipes.

On doit jouer assurément, mais sans abus deux à trois fois par semaine serait amplement suffisant.

Mais doublant le jeu, afin de mettre en état et le souffle, et le cœur, et le système musculaire, un entraînement rationnel se montre nécessaire.

Le jeu est un effort prolongé; préparez-vous donc à cet effort, qui est une exception, par des exercices gradués qui développent au maximum votre vigueur et l'équilibre de votre organisme.

L'entraînement des avants est un des plus durs et qui sera soutenu avec ténacité. Quelques jours de négligence, conduisent à la perte des avantages conquis parfois durant des mois.

En résumé : les trois avants seront massifs, résistants, ayant franchi tous les degrés de l'athlétisme, sans nécessairement avoir été des champions en l'un quelconque de ces degrés.

Les deux avants qui doublent les trois premiers, ont besoin également de force massive, mais avec un peu plus de souplesse.

Il leur faut beaucoup de sang-froid, de présence d'esprit, pour profiter de tous les avantages que leurs partenaires leur offriront en cours de partie.

A eux les passes rapides aux demis, qui dirigeront avec prestesse, s'ils sont bien suivis et à propos.

Ceux-là se livreront le matin aux divers exercices obligeant les jambes et la taille au travail. Ils y gagneront une grande souplesse et une rapidité de mouvements des membres inférieurs.

Les massages seront ceux des jambes, de la taille et du buste.

A leurs moments de loisir, la marche athlétique sur long parcours, le cross-country.

Les trois derniers avants seront lourds : leur rôle est d'appuyer l'attaque et de soutenir tels des rocs leurs partenaires dans la défense.

Ceux-ci feront de la marche de fond, deux fois par semaine, s'ils le peuvent.

Les mouvements du matin, sont ceux intéressant la taille, les muscles abdominaux et les bras.

Les massages sont ceux de l'abdomen, des cuisses et du deltoïde.

Un détail, souvent négligé, est qu'il faudrait les choisir parmi les plus grands de l'équipe.

De haute taille, ils soutiennent mieux, ils poussent avec plus de facilité et les passes, à cause de leurs longs bras, sont extrêmement fructueuses.

Les demis, sont des coureurs agiles, se déplaçant avec promptitude, capables de se glisser partout, d'éviter les plaquages par une parfaite légèreté de mouvements.

A l'encontre des précédents, on les choisira donc de petite taille, mais d'une extrême souplesse. On devra noter également leurs qualités de sang-froid et de décision. Souvent le résultat d'une partie dépend de leur rapidité à profiter des moindres éclaircies dans le jeu des adversaires, pris au dépourvu.

Les massages sont pour eux : ceux des mollets, des cuisses, des pieds.

Les mouvements sont ceux des jambes, le buste appuyé au mur, l'exercice d'assouplissement sur les jarrets indiqué au tome II.

Aux jours de loisir, environ deux fois par semaine, un cent mètres à vive allure, avec un maximum d'une respiration et demie. Soit l'expiration ayant lieu au soixantième mètre. (Voir tome III.)

Egalement, ils pratiqueront le saut en hauteur avec élan.

Le matin, quand ils le pourront, ils se livreront à une demi-heure de marche rythmée, afin de régulariser le souffle qui fait souvent défaut.

Les trois-quarts ailiers, seront vites également, de taille moyenne, mais doués en outre de vigueur.

En défense, ils sont contraints de se déplacer rapidement, mais aussi de réussir les plaquages vigoureux.

Les mouvements du matin sont, pour eux, ceux des bras et de la taille.

Les massages seront : le massage du deltoïde, du dentelé et des muscles abdominaux.

Les centres trois-quarts ont besoin de moins de vitesse, mais de plus de vigueur encore, étant susceptibles d'avoir à résister à un choc violent à la suite d'un dégagement de mêlée.

Les mouvements seront les mêmes que ceux de leurs ailiers, ainsi que les massages.

Deux fois par semaine, une marche athlétique à vive allure, pour tous les trois-quarts.

Une demi-heure de lancer du poids, une fois par semaine.

Leur taille demeurera dans la moyenne, les grands cependant ont des avantages sérieux, s'ils sont suffisamment massifs et les ailiers rapides.

Enfin l'arrière devra joindre à des qualités physiques de premier ordre, de véritables dons de précision, de coup d'œil et d'adresse.

Il doit être vif en même temps que vigoureux. Les plaquages sont toujours exécutés à la minute décisive, mais avec une violence extrême.

Ce sera en outre un shooter habile autant

qu'adroit. Son shoot, sera long, direct, sans hauteur de trajectoire.

Pas une minute, durant la partie, il ne quittera la balle des yeux ; toujours il se déplacera en sens opposé de celui de son équipe, sans toutefois s'éloigner du jeu.

Dans les attaques trop prononcées de l'adver-

Fig. 11. — Un plaquage. Le joueur s'efforce d'arrêter le porteur du ballon, il l'a saisi aux cuisses de la main gauche.

saire, il reculera prudemment sur sa ligne de but, prêt au plaquage définitif.

En résumé, il joindra les qualités de force musculaire, à celles de vitesse et d'agilité.

Les mouvements sont, pour lui, tous ceux du tome II. Chaque matin une leçon séparée.

Les massages sont ceux des tomes II et III.

Les exercices de la semaine : cross, 100 mètres à vive allure avec une seule aspiration ; lancers du poids des deux bras. (Voir tome III.)

Sa taille sera plutôt petite, avec larges épaules et pectoraux solides ; des jambes d'acier et des bras de fer.

En résumé, la tâche des différents équipiers dans un jeu bien conduit est la suivante :

Trois avants : attaque, mêlée, enfoncement des lignes adverses, sans s'inquiéter du jeu. Les deux partenaires sont un soutien physique au talonneur qu'ils protègent.

Deux avants : mêlée moins intense que les précédents, dégagements dans la défense, coup d'œil dans l'attaque pour profiter des avantages que fournissent les trois premiers. Communication constante avec les derniers.

Troisièmes avants : soutiens des précédents, pression à la mêlée, pour éviter l'éparpillement des forces ; résistance stoïque dans la défense, permettant aux deuxièmes avants de dégager dans les moments critiques. Grands et forts.

Les derniers. Organes mouvants de l'attaque, ils sont là pour profiter de tous les avantages que présentera le cours de la partie. Leur déplacement doit être continuel. Dans l'attaque ils préparent l'avancée que viendront reprendre les trois-quarts au moment voulu. Petits et souples, quoique dans la défense ils seront les organes de désordre dans les rangs adverses. Ils pratiqueront le plaquage avec audace, ce ne serait qu'avec des résultats médiocres. Le demi d'ouverture aura de la décision et fera preuve d'une certaine intelligence pour imaginer les ruses qui tromperont l'adversaire. Un bon demi d'ouverture est important dans toute équipe.

Les trois quarts. Doivent faire preuve de vigueur et de rapidité moyenne. Leur effort quand l'attaque est bien prononcée par les avants, est extrêmement soutenu. Ce sont eux qui porteront le ballon, le saisiront à l'instant opportun, pour conduire aux buts.

Une erreur assez commune est de croire que la vitesse suffit aux trois-quarts. En réalité, il n'en est rien, et la vigueur leur est peut-être plus nécessaire encore.

Principalement le centre trois-quarts devra représenter une masse résistante qui obstruera l'attaque adverse. Un centre faible, c'est généralement la défaite avec une équipe opposée ayant un peu d'allant.

De même, les ailes seront vigoureuses, avec des qualités moyennes de vitesse. La rapidité dans leur jeu n'est pas extrêmement nécessaire, mais il leur est toujours avantageux de pouvoir résister à un plaquage.

En d'autres termes, les deux ailiers auront un peu plus de vitesse que les deux centres et ceux-ci compenseront la vitesse par un peu plus de massivité.

On néglige semble-t-il, en France, trop souvent la bonne composition de cette équipe de trois-quarts et on oublie qu'en réalité leur rôle devrait presque se confiner dans la défense, tout en suivant, durant l'avancée, le reste du team.

Or une attaque brillante doit toujours être soutenue par une défense énergique, les mouvements sur le terrain étant continuellement sujet à surprise.

Si l'on oublie ce mince détail, on se trouve en face d'une équipe composée uniquement d'attaquants. C'est la défaite assurée.

Il serait en outre excellent que la situation

Fig. 12. — Arrêt à la ceinture.

de chacun fût bien définie et que chacun se confinât dans son rôle propre. Ceci n'est qu'une question de discipline.

Le trois-quart qui dans une partie fera un moment le travail d'un demi, sera plutôt facteur de défaite que de succès.

Et chacun peut suffisamment briller à sa place, sans chercher à empiéter sur la besogne des autres.

Le rôle de l'arrière est aisément compréhensible et nous n'avons pas à y insister. Lui non plus ne se mêlera de la tâche de ses co-équipiers, la sienne est assez dure pour qu'il sache attendre l'occasion.

Il lui faut aussi une bonne vigueur, car ses plaquages doivent être brefs, ses coups de pieds très longs, ses lancers habilement dirigés.

Comme au foot-ball, il se munira d'une grande dose de philosophie. En général, quand une partie sera perdue, le premier soin de tout le monde sera de lui imputer la défaite. Comme réponse, il offrira sa place à un monsieur de l'assistance, et si cette offre n'est pas agréée, il pourra se considérer comme satisfait.

La composition d'une équipe est chose importante, pour mettre le *right man* à la *right place*, il faudra réfléchir, voir chacun jouer et juger des qualités propres aux divers équipiers.

Il est un autre moyen de juger ; c'est d'obliger les joueurs à montrer leur savoir dans les divers sports athlétiques : un cent mètres, un lancer du poids entre tous les équipiers aura vite fait d'indiquer la valeur de chacun.

Or on n'est pas rugbyman si l'on n'est pas habile en ces divers exercices. Nous disons habiles, sans plus, si vous êtes un as, la tâche sera encore plus simple.

On a beaucoup discuté autour des diverses méthodes inventées par les uns et les autres. En vérité il n'en existe aucune, ou plus exactement aucune jusqu'à ce jour ne s'est montrée supérieure au jeu classique.

Ces procédés ont pu avoir un succès toujours de courte durée, mais il était surtout imputable à la valeur des athlètes qui composaient l'équipe.

Il n'y a qu'une méthode : l'attaque, l'attaque

à outrance, menée durement par les avants bien servis par les demis.

Avec de bon trois-quarts, les offensives des adversaires doivent être coupées net et l'avant reprendra l'ouvrage un moment interrompu.

Quelles que soient les fluctuations du jeu, il faudra toujours ramener autant que faire se pourra dans les positions de combat indiquées à la figure ci-contre.

Seuls les demis pourront être très mouvants, mais grâce à leur agilité, ils sauront revenir à temps pour profiter des occasions.

Les avants qui ne recherchent pas la mêlée, ne sont pas des avants vigoureux.

Ce sera d'ordinaire l'indice d'une sensation de faiblesse par rapport à l'adversaire.

C'est pourquoi nous répétons que ce groupe de huit hommes doit toujours être composé d'éléments extrêmement massifs.

Nous avons, pour notre part, plus confiance dans la valeur athlétique des joueurs que dans les différentes méthodes prônées à diverses époques. Nous dirons même que cette valeur athlétique vaut mieux que toutes les ruses et toutes les feintes que l'on voudra tenter sur le terrain.

Pour conclure, nous répétons donc : si vous voulez faire du rugby, complétez, soutenez votre entraînement général. Ne manquez pas d'accroître vos qualités propres par les exercices spéciaux que nous signalons au cours de cet ouvrage.

Toute sélection, pour les grands champion-

Fig. 13. — Arrêt aux pieds.

nats, devrait être terminée par des épreuves sportives générales.

Les cent mètres, le lancer du poids, le saut sans élan, serviraient à classer les joueurs, à donner des points pour telle ou telle catégorie.

L'expérience montre qu'il n'est pas un as du rugby qui ne soit en même temps un as dans l'un ou l'autre de ces sports.

Ce serait un très mauvais procédé de commencer par le rugby pour se créer une spécialité quelconque par la suite.

Le ballon ovale ne peut être manié avant dix-huit ans au moins; auparavant que l'on fasse du foot-ball, tout en poursuivant son entraînement athlétique.

Nous ne conseillons pas non plus le rugby entre jeunes uniquement. Prétendre qu'il n'y a aucun inconvénient à ce jeu si tous les joueurs sont du même âge est un enfantillage. L'effort reste toujours le même, avec en plus le risque du surmenage.

En un mot, si l'on veut pratiquer le rugby d'une façon profitable à l'organisme, il faut y être bien préparé. Il n'existe pas de physique particulièrement favorisé on ne naît pas *fort* on le devient. C'est là une vérité trop souvent négligée.

L'engouement actuel pour le rubgy peut être une excellente chose, s'il s'est habilement dirigé, sinon ce deviendra un véritable péril pour la jeunesse.

Bien et rationnellement entraîné, il est permis de s'adonner au ballon ovale jusqu'à la trentaine, après on se contentera d'être arbitre, voire tout uniement spectateur.

Quoi qu'on en dise nous n'approuvons guère le rugby pour les femmes ou les jeunes filles, les caractères physiologiques qui les distinguent des hommes ne les prédisposent pas à cette sorte d'effort.

Il n'en est pas de même du ballon rond, mais ce qui devrait être leur domaine c'est le basket-ball ou le tennis.

Tout plaquage entraînant une chute est un danger grave pour les organes internes de la femme, dont le rôle naturel est la maternité. Cette lutte rude, ce talonnage spécial, ne semblent pas faits pour le sexe faible.

Nous répéterons ce que nous avons dit au sujet des enfants : le danger reste le même nonobstant que les femmes jouant ensemble sont d'égale vigueur. L'effort est identique, la brutalité des mouvements également.

Il est beaucoup plus gracieux de voir une jeune fille la raquette à la main plutôt que shootant le ballon ovale avec une grappe de congénères s'accrochant à ses appas sous prétexte d'arrêt ou de plaquage.

Le rugby est et demeurera un sport brutal non point féroce assurément, les règlements sont là, mais il réclame de la part du joueur une force massive qui repousse ou broie l'obstacle. Malgré toutes les excellentes raisons que l'on voudra se donner, on sera contraint d'arriver en cours de partie à cette rudesse d'attaque ou de défense qui fait d'ailleurs toute la beauté du jeu.

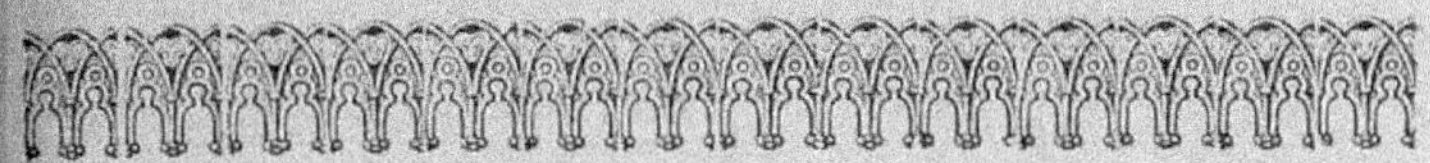

V

Ne nous emballons pas; certainement le rugby est en progrès en France, il marche même à pas de géants. Les associations se développent par le pays entier avec une rapidité qui tient du prodige. Cela ne suffit pas assurément, si nous ne parvenons à un plus grand nombre de victoires dans les championnats internationaux.

Ne nous illusionnons pas non plus, en Angleterre, il existe beaucoup plus de spectateurs que de joueurs. Nous voulons dire par là que beaucoup d'Anglais, tout en demeurant très sportifs, se lassent vite de prendre une part active aux divers matches. Il résulte de cet était de choses que les privilégiés qui continuent à s'y adonner sont très aidés et favorisés, grâce à leur nombre restreint. Ils trouvent toutes les facilités pour l'entraînement, les exhibitions, etc..., les grounds sont partout, la moindre bourgade possède son ground où vont batailler les ardents rugbymen.

En France, c'est le contraire qui se produit, la masse de la population se désintéresse encore de ces spectacles attrayants. Par contre tous les jeunes rêvent d'être joueurs. Au bout du compte, ils s'en vont shooter courageusement devant des banquettes vides.

Certaines villes du Midi assurément se distinguent par leur emballement pour ce sport, mais leur nombre est encore insuffisant.

A Paris, il n'en est pas exactement de même à cause de sa population très dense; mais néanmoins quand sur quatre millions d'habitants, il y a dix mille spectateurs pour un match de rugby, disons que la proportion est mince.

Donc, premièrement : encourager les jeunes joueurs par un peu d'intérêt à leurs efforts.

La presse fait certainement ce qu'elle peut, le public répond mal encore.

Au sujet du jeu lui-même, constatez que les équipes françaises se distinguent par la rapidité avec laquelle elles en saisissent les finesses. Toutes, en vérité, deviennent vite de belles joueuses, aux organes souples, habiles, possédant une suffisante cohésion.

Allons plus loin; disons même qu'elles jouent mieux que la généralité des équipes étrangères.

Alors comment se fait-il que nos succès se comptent sur les doigts, dans les matches internationaux?

La raison unique est dans la massivité des équipiers étrangers.

Ceux-ci sont pesants, vigoureux, ayant assez de souplesse.

Forcément, en face d'une équipe de taille moindre, de vigueur inférieure, ils dominent. Que l'on considère les massifs Écossais, aux volumineux genoux, grands, tout en os et que l'on compare avec certains de nos petits Méridionaux, merveilleux joueurs, mais poids plume!

Assurément il est possible de mettre en face d'un team étranger des individus d'identique valeur physique.

Mais, ici encore, l'apparence ne suffit pas. Il faut ajouter, à cette apparence, l'entraînement athlétique, qui seul fait des muscles, donne de l'agilité, permet l'effort prolongé.

Or, c'est justement ce qui nous manque, à part quelques exceptions. Mais comme confirmation à la règle, ces exceptions ont eté admirées sur tous les grounds, où elles ont passé. A elles seules bien souvent, elles sauvaient l'honneur d'une équipe toute entière.

Ne cherchons pas d'autre raison, notre infériorité apparente et très momentanée provient de l'abscence absolue d'entraînement athlétique.

Mais encore faut-il que cet entraînement soit raisonné, progressif et non point consister en un effort violent de quelques semaines, voire de quelques jours.

Nous l'avons dit dans notre tome I, l'entraînement véritable, réclame un minimum de trois ans bien employés.

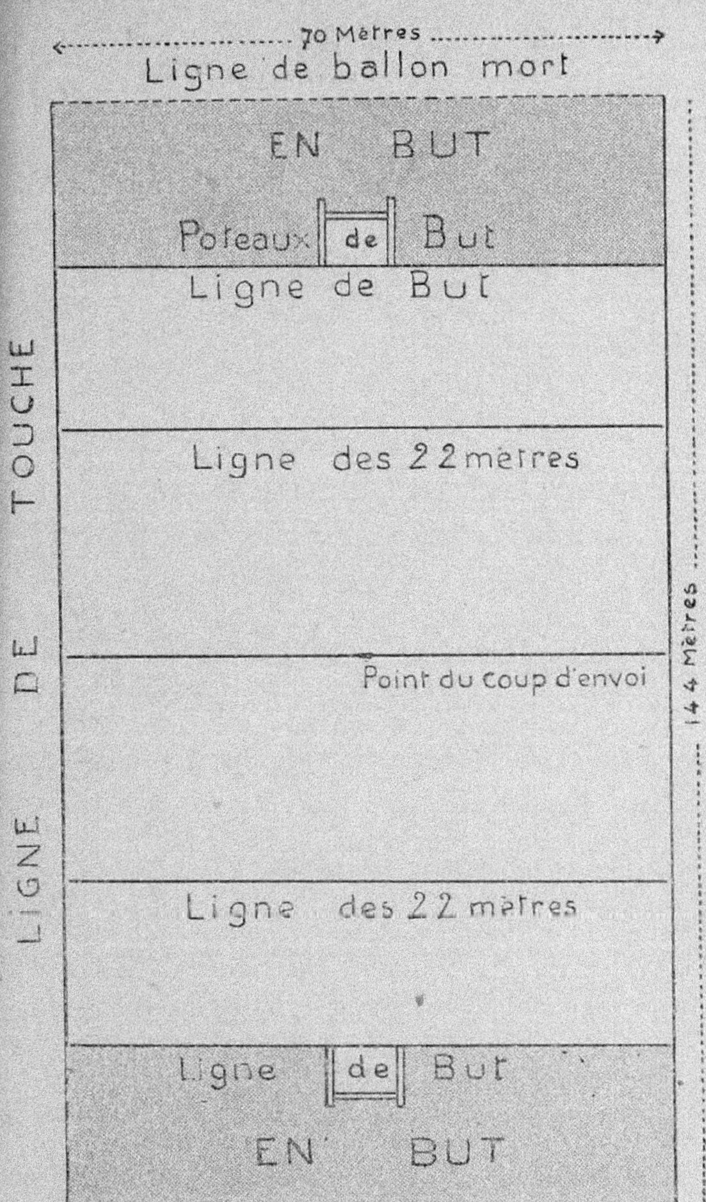

Fig. 14. — Plan du terrain de jeu.

Et pour être un rugbyman, il est nécessaire d'être athlète complet.

Voici donc la question purement et simplement résumée.

Le jeu, vous l'apprendrez rapidement, vous en sentirez très vite toutes les finesses, parce que c'est dans votre tempérament.

Ne vous inquiétez par conséquent nullement de ces règles qui paraissent abstruses au profane : contentez-vous de développer votre corps.

Lorsque vous aurez parcouru la gamme entière des sports, alors vous serez *ipso facto* un excellent rugbyman. En trois mois votre entraînement spécial sera achevé.

Ne mettez pas la charrue avant les bœufs, en prétendant que le rugby est un sport comme un autre. Il y a une gradation naturelle à suivre, à laquelle seule se prête notre organisme; commencer par la fin, c'est se claquer les muscles, se décrocher le cœur, se crever les poumons. C'est-à-dire préparer une désastreuse génération future.

Nous ne voulons pas ici faire de personnalités, mais tous les fervents du ground, se rappellent tels de nos as qui étaient de magnifiques athlètes. Ceux-là dominaient partout, toujours on les admirait, mais il leur restait impossible d'obtenir la victoire, mal servis qu'ils étaient par des co-équipiers essoufflés ou titubants.

Une autre qualité procure aux joueurs étrangers une supériorité constante. Nous voulons parler des habitudes de tempérance, que l'on regarde ici d'un œil narquois.

Tempérance sexuelle, tempérance alcoolique. On ne peut être en même temps un as d'alcôve, un as de bistro et un as de ground. Il faut choisir, et, une fois son choix arrêté, s'en tenir à une ligne de conduite rigide.

On ne peut considérer comme sérieux le joueur qui, la veille d'un grand championnat, se livre à une nuit de bombe. On devra plaindre le champion qui, pour fêter une victoire, la noiera dans le vin.

Evidemment, nous ne conseillons pas de mener une vie d'ascète, ce qui d'ailleurs serait contraire au but à atteindre. Nous disons uniquement : modérez-vous en toutes choses, même en sport. N'ayez aucun emballement, pas plus pour la bombe que pour l'athlétisme. Chaque chose trouve sa place dans le cours du jour et réservez-en une spéciale au sommeil.

L'athlète doit dormir; dormir longtemps, paisiblement. Ce but ne sera jamais atteint avec des excès d'alcool, ou des excès sexuels, qui entretiennent un état permanent d'éréthisme.

Dormez franchement huit heures, davantage si vous pouvez, surtout après une saine fatigue sportive. C'est dans le sommeil que l'organisme puise le renouvellement de sa vigueur.

Ayez, en outre, un bon régime alimentaire; si vous buvez des alcools, vous ne mangerez pas. Le vin est un stimulant, au même titre que le café ou le thé, mais n'a jamais été une nourriture. Les vignerons prétendront le contraire : c'est leur métier. En tout cas, notons au passage que les nations sportives ne sont pas buveuses de vin. Ne le proscrivez pas complètement, surtout lorsqu'il est bon, prenez-en seulement avec modération. Cependant, les quelques jours qui précèderont un

Fig. 15. — Un ailier s'échappe.

grand match, oubliez-le totalement et surtout n'en prenez pas immédiatement avant le match sous prétexte de vous doper. Le doping, sous toutes ses formes, est la mort du muscle.

Le café n'est pas nécessaire au sportif comme à l'intellectuel, nous lui préférons le thé, si on a l'habitude de ne pas trop se charger l'estomac par de grosses nourritures, comme la soupe, les féculents, le pain. En réalité, la boisson du sportif, c'est l'eau pure ; également la bière, si elle n'est pas trop alcoolisée.

On nous répondra : mais nos Méridionaux, sont buveurs de vin et en même temps des as. Certes, mais ce qui fait leur force, c'est leur résistance nerveuse. A opposer aux Gallois, nous préférons une équipe de solides Auvergnats, nés sous le dur climat de la montagne. La résistance nerveuse connaît un épuisement beaucoup plus rapide que la résistance massive qui trouve sa force en elle-même.

Et puis attendons l'avenir, attendons que le rugby se soit développé dans toutes les régions de la France, avec autant d'intensité qu'il s'est développé dans le Midi. Alors nous pourrons nous permettre de véritables sélections et nous aurons des as, qui vaudront tous les as étrangers.

De la patience, de la ténacité, de l'esprit de suite. Ce sera notre dernier conseil et nous croyons qu'il n'est pas superflu.

La patience consiste à attendre les résultats à l'heure où ils doivent se manifester naturellement.

La ténacité se résume à ne pas prétendre que vos échecs sont dus aux fautes des autres.

L'esprit de suite est le contraire du vol du papillon qui va d'une fleur à l'autre, sans rien prendre de son suc. L'esprit de suite, c'est commencer par le commencement et de finir par la fin, en ayant passé par le milieu, sans prétendre que l'on est plus malin que le reste du genre humain.

TABLE DES MATIÈRES

PREMIÈRE PARTIE

DEUXIÈME PARTIE

Saint-Denis. — Imprimerie J. Dardaillon.

BIBLIOGRAPHIE

OUVRAGES RECOMMANDÉS

Comment conserver sa santé, Dr Toulouse 8 fr. »

L'éducation physique basée sur la physiologie musculaire, Ledent . . . . . . 17 fr. »

La gymnastique respiratoire et la gymnastique orthopédique chez soi, Lamy. 7 fr. »

Ma méthode respiratoire de gymnastique suédoise, Boyesen . . . . 3 fr. 75

Le danger sportif, Dr Guillemare. . . . . 2 fr. »

Guide pratique d'éducation physique, Lt Héber . . . . 21 fr. »

Muscle et beauté plastique, Lt Héber. . 13 fr. »

Ma leçon type d'entraînement, Lt Héber. 6 fr. »

Ma leçon type de natation, Lt Héber . . 5 fr. »

Liste d'ouvrages recommandés

L'Entraînement Américain

Entraînement à tous les Sports

Tome I

Cet ouvrage que nous présentons à notre clientèle est essentiellement nouveau. Jamais ce sujet n'a été traité d'une façon aussi complète et aussi pratique. L'entraînement quel qu'il soit, pour être fructueux, doit être gradué et rationnel. C'est en cela que les Anglo-Américains et les Scandinaves sont nos maîtres. Dans les sports, la réussite dépend uniquement de la méthode. Si celle-ci est mauvaise, les résultats sont misérables. Or nous avons la certitude d'offrir, dans ce livre, la véritable bonne méthode. Peut-être n'est-elle pas la seule bonne, mais nous affirmons qu'elle est parmi les meilleures. Il est nécessaire de connaître également comment travaille la machine humaine, quelle alimentation il faut lui fournir pour obtenir le rendement maximum. On trouvera tout cela dans l' « Entraînement Américain ». Adopter son procédé, c'est être assuré du succès. Prix : **5** francs.

Le Développement Musculaire

Tome II

Cet ouvrage est la suite du précédent entraînement; il fournit tous les détails nécessaires à connaître pour le développement rationnel des muscles. C'est la méthode unique de préparation aux grands sports, comme la course, le lancer..., etc.

En outre il nous permet de continuer notre entraînement pendant l'hiver, sans solution de continuité, ce qui est appréciable. Il nous donne également de nouveaux renseignements sur les massages, le régime alimentaire, etc..., etc... En un mot, il complète le Tome Ier et forme avec lui un tout complet qne chaque jeune homme désireux d'acquérir force et santé doit avoir lu. Prix : **5** francs.

La Course, le Saut, le Lancer

Tome III

Arrivé à un certain degré d'entraînement général, on commence à s'essayer dans les différents sports. On trouvera dans ce volume, les meilleures méthodes de préparation pour chacun de ces sports; depuis la marche sportive jusqu'au lancer du marteau. Une hygiène est en outre nécessaire; cet ouvrage nous l'indiquera avec précision. La question du cross-country si à la mode actuellement y est soigneusement étudiée. Enfin il nous donne le régime et l'entraînement à suivre en vue d'une participation aux divers championnats.

Prix : **5** francs.

La Natation et l'Aviron

Tome IV

Tout ce qu'il faut savoir sur ces deux questions. La nage est un sport à la portée de tout le monde, encore faut-il la pratiquer sagement et pour cela connaître une multitude de détails que l'on ignore généralement.

Les différentes nages de course modernes y sont étudiées avec précision, mettant chacun à même de les pratiquer aisément.

L'étude sur l'aviron est aussi fort complète; elle nous enseigne quelle est la structure des divers esquifs usuels; comment on pratique l'aviron en course, comment on s'entraîne.

Prix : **5** francs.

L'Influence Personnelle

par SCHEMAHNI

Hypnotisme — Magnétisme — Télépathie

Voici enfin l'œuvre tant attendue sur le magnétisme, le véritable traité complet permettant d'acquérir cette force d'énergie qui est la source du bonheur.

C'est la théorie hindoue expliquée et mise à la portée des Européens et il est incontestable que fakirs et yogis sont nos maîtres en cette science encore mystérieuse.

Nous offrons à notre clientèle un ouvrage vraiment complet et peut-être le seul complet sur cette question tant débattue du magnétisme. On verra par les explications qui y sont données que la puissance magnétique doit se considérer sur trois faces différentes et non point uniquement dans la fixité du regard, qui n'est qu'un de ses éléments infimes.

Et comme nous le disions tout à l'heure, c'est la théorie hindoue, les procédés des fakirs, qui nous apportent enfin le véritable éclaircissement. Ces procédés examinés l'un après l'autre, nous en découvrons le but et partant notre moyen de nous les adapter à nous-mêmes, à notre civilisation, aux nécessités de la vie courante.

D'après ces formules, quiconque peut développer cette puissance qui est en nous à l'état de potentialité innée.

On y voit également la théorie sincèrement étudiée des mondes de l'astral qui nous enveloppent et peut-être nous dirigent.

En un mot, un livre unique, complet, sincère, et d'une compétence simple. L'auteur dévoile ce qu'il a appris sans forfanterie, et sans la nébulosité qu'emploient certains occultistes pour cacher le vide des idées.

Un fort volume in-8°

illustré de figures techniques

Prix **15** francs. Franco : **15** fr. **75**

LES GRANDS ROMANS D'AVENTURES

Jusqu'à ce jour il manquait à la jeunesse de la classe bourgeoise, des romans d'aventures absolument inédits *en même temps que présentés d'une* façon élégante. *Il fallait se contenter d'ouvrages anciens de quelques cinquante ans, sinon davantage, ou de publications populaires.*

Nous croyons avoir comblé cette lacune avec notre collection.

LES GRANDS VOYAGES
LES GRANDES AVENTURES

Notre devise a été d'instruire en amusant.

Trop longtemps, on a prétendu que le Français était un monsieur décoré ignorant la géographie. Nous avons voulu qu'il n'en soit plus ainsi pour la génération nouvelle.

Chacun de nos ouvrages s'appuie sur une documentation sérieuse *et* moderne. *C'est fausser l'imagination des enfants que de leur raconter des histoires de Peaux-Rouges comme elles se passaient au temps de Fenimore Cooper.*

Au contraire, nous tenons compte : des progrès de la science, *des* dernières découvertes géographiques, *des* constructions de chemins de fer récentes, *des* mines et gisements *mis au jour en ces dernières années.*

Chaque livre contient une carte détaillée, *précisant où se produit l'action; l'illustration est abondante, dessinée d'après des* documents photographiques récents.

Tirage sur beau papier glacé.

Impression de luxe.

Couverture en trois couleurs.

Volumes de format courant ayant leur place dans la bibliothèque.

En un mot : un livre moderne.

Parents, si vous voulez faire plaisir à vos enfants, achetez-leur un des ouvrages :

Les Grands Voyages.
Les Grandes Aventures.

... ils en voudront un autre.

HASSAN KHAN, LE TERRIBLE

par Marcel VIGIER

Aventures dramatiques d'un jeune aviateur français en Afghanistan, contrée fermée à la civilisation où les khans sont tout puissants. Le lecteur se passionnera au récit des batailles, des chevauchées endiablées, des découvertes merveilleuses du héros. Celui-ci ignore la peur et manie le Winchester et le browning avec dextérité, pour le bien de la civilisation et de la liberté.

1 carte détaillée.
19 illustrations d'après documents photographiques.
Couverture en 3 couleurs.

Broché : **8 fr. 50**. Relié : **12 fr. 50**

Port en plus : pour la France et Colonies . 1 franc.
— pour l'étranger. . . . . . . 1 fr. 75

LE SECRET DE L'OURS-GRIS

Par Marcel VIGIER

Aventures extraordinaires de chercheurs de gisements pétrolifères dans le Canada Central, au milieu de Peaux-Rouges peu satisfaits de la domination des blancs. Roman extrêmement dramatique aux péripéties aussi nombreuses qu'imprévues : grandes chevauchées à cheval dans la prairie ou les forêts de sapin; lutte perpétuelle contre des Indiens audacieux et rusés; découvertes étranges en des montagnes granitiques.

1 grande carte permettant de suivre les héros.
19 illustrations d'après documents photographiques.
Couverture en 3 couleurs

Broché : **8 fr. 50**. Relié : **12 fr. 50**

Port en plus : France et Colonies . 1 franc.
Etranger. . . . . . 1 fr. 75

LE PUITS DE SOR-BOULAK

par Marcel VIGIER

Une étrange histoire dans le Bedpak Dala, ou *désert de la faim*, en Turkestan Russe. Des Cosaques devenus bolcheviks dans leur propre intérêt, un savant bizarre qui porte lunettes quand cela lui plaît. Combats effrénés et galopades à travers la steppe aride, au milieu de Khirgiz pillards et bandits farouches.

1 carte.
19 illustrations d'après documents photographiques.
Couverture en 3 couleurs.

Broché : **8 fr. 50**. Relié : **12 fr. 50**

Port en plus : France et Colonies . . 1 franc.
Etranger . . . . 1 fr. 75

www.ingramcontent.com/pod-product-compliance
Ingram Content Group UK Ltd.
Pitfield, Milton Keynes, MK11 3LW, UK
UKHW022109260726
13993UKWH00001B/411

9 782329 257501